烘焙點心DIY

吳青華・葉昱昕・陳楷曄・沈貞伶 著

作者序

國內烘焙業蓬勃發展，相關專業書籍扮演著重要的推手角色，《烘焙點心 DIY》將傳統產品經由作者們的巧思，以全新的面貌呈現，其中亦不乏全新的產品！把深厚的經驗沉澱累積，細細雕琢，最終呈現於你我眼前。

這本工具書的問世，提供學子／讀者們重要的參考資料，排序上運用當令食材、或是配合節慶做一鋪陳。

作者們投身餐飲烘焙皆有數十年以上的經驗，服務範圍從麵包店、星級飯店、量化工廠到學校，歷練非常豐富，本書將作者們豐富的經驗化整為文字，與更多同好分享，一路戰戰兢兢，隨著證照取得，升任技術士監評及到學校服務，可以看見每一階段的奮鬥紀錄。

現今餐飲學校，點心烘焙課程日益增加，有興趣的學習者如過江之鯽，而點心烘焙課程，在其中佔有相當重要的地位，卻苦尋不到合適資料或相關書籍，一般出版大多以檢定書籍為主，或是著重課堂理論相關課程，學生對之，往往興趣缺缺，綜合以上因素故著手策劃此書誕生。本書的主要使用族群以大專院校、綜合高中、烘焙社團、國中技藝班——食品職群職類學生，以及非餐飲相關科系，但對動手 DIY 有興趣的讀者為主要對象，並以簡單操作，低失敗，方便教師備課規劃為全書走向，啟發學生學習興趣，本書涵蓋了：

烘焙食品：麵包、西點蛋糕、餅乾……等。

中式點心：中式米食：米粒、米漿、熟粉……等。

中式麵食：油炸、酥油皮、發麵、燒餅、糕漿皮……等等大項。

本書每一道產品，分為三大重點提示：

TIPS：產品最基本的學習目標及操作注意事項。

老師專區：作者經驗分享，讓授課教師能預先了解授課時該注意的小技巧。

學生專區：讓學員能預先了解課程開始前的前置準備，與進階思考導引。

《烘焙點心 DIY》能夠大功告成，感謝作者群夥伴、攝影師阿德、優品團隊、南開科大——餐飲系學會、創意烘焙社協助同學，及幕後人員表達謝意，本書因為有大家的戮力協助，從而順利完成。當然也要感謝一路以來一直支持我的家人，謝謝大家。

後續讀者們有任何問題或合作提案，請跟我聯絡，聯絡方式如下：

chefnikowu@hotmail.com，竭誠歡迎來信指教。

吳青華

Content

September 玖月 6

招牌三明治 6
Sandwich

鮪魚三明治 7
Tuna Sandwich

托斯卡尼吐司條 8
Toscana Toast Stick

奶油小西餅 10
Danish Butter Cookie

貓舌餅乾 12
Langues de Chat Biscuits

蛋黃酥 14
Egg Yolk Pastry

鳳梨酥 16
Pineapple Cake

巧克力海綿 18
Chocolate Sponge Cake

豆漿天使 20
Soybean Milk Angel Cake

October 拾月 22

柳橙戚風 22
Orange Chiffon Cake

巧克力戚風 24
Chocolate Chiffon Cake

蘋果派 26
Apple Pie

德式布丁 28
German Pudding Tart

菠蘿泡芙 30
Pineapple Puff

瑪德蓮 34
Madeleine

焦糖布丁 36
Caramel Pudding

November 拾壹月 38

咖啡戚風小蛋糕 38
Coffee Chiffon Cake

韓國麵包 40
Korea Mochi Bread

指型小西餅 42
Lady Fingers Cookie

蜂蜜蛋糕 44
Honey Cake

桂圓蛋糕 46
Longan Cup Cake

輕乳酪 48
Light Cheese Cake

奶油大理石蛋糕 50
Marble Pound Cake

核桃香蕉磅蛋糕 52
Banana and Walnut Pound Cake

December 拾貳月 54

全麥餅乾 54
Whole-Wheat Cookie

杏仁瓦片 56
Almond Tuiles

烤布蕾 58
Crème Brulee

香橙慕斯 60
Orange Mousse

桃酥 62
Walnut Cookie

豬油糕 64
Pork Oil Rice Cake

薑餅屋 66
Gingerbread House

聖誕神木蛋糕卷 68
Bûche de Noël

January 壹月 70

韭菜水餃 70
Chinese Leek Dumpling

燒賣 72
Shao-Mai

雙色饅頭 74
Twin Color Steamed Bun

蟹殼黃 76
Spring Onion -Stuffed Sesame Pastry

蘿蔔糕 78
Fried White Radish Patty

綜合鹹粥 80
Mixed Salty Congee

黑糖糕 82
Brown Sugar Cake

八寶粥 84
Eight Treasure Congee

February
貳月 86

總匯三明治........................86
Club Sandwich
香蒜吐司條........................88
Garlic Toast Stick
雙色冰箱小西餅....................90
Twin Color Cookie
糖霜餅乾..........................92
Sugar Frosted Cookie
黑森林蛋糕 / 巧克力片.............94
Black Forest Cake / Chocolate Slice
費南雪............................98
Financier
乳酪蛋糕..........................100
Cheese Cake

March
參月 102

紅豆甜麵包........................102
Red Bean Bun
蔥花甜麵包........................104
Spring Onion Bun
甜甜圈............................106
Donut
沙拉麵包..........................108
Salad Bun
奶酥吐司..........................110
Streussel Bread
蛋糕吐司..........................112
Cake and Bread
酥菠蘿奶酥........................114
Sable Bun with Milky Filling
綜合鹹麵包........................116
Mixed Salty Bread

April
肆月 118

黑糖發糕..........................118
Brown Sugar Rice Cake
芋粿巧............................120
Steamed Taro Cake
油飯..............................122
Glutinous Oil Rice
碗粿..............................124
Steamed Rice Cake
方塊酥............................126
Square Cookie
台式月餅..........................128
Moon Cake
牛舌餅............................130
The Traditional Cracker with the Shape of Beef Tongue
金露酥............................132
Bean Purée Pastry

May
伍月 134

咖哩餃............................134
Curry Dumpling
原味壽糕..........................136
Rice Cake
母親節蛋糕........................138
Cake for Mother's Day
鮮奶酪............................142
Panna Cotta
水果塔............................144
Fruit Tart
提拉米蘇..........................146
Tiramisu
油皮蛋塔..........................148
Egg Tart Pastry

June
陸月 150

芋頭糕............................150
Taro Cake
芋香西米露........................152
Sweet Taro Sago Soup
脆麻花............................154
Fried Dough Twist
巧果..............................156
Fried Thin Pastes with Sesames
蔥油餅............................158
Spring Onion Pancake
開口笑............................160
Deep-Fried Sesame Ball
筒仔米糕..........................162
Rice Tube Pudding
肉粽..............................164
Rice Dumpling

Sandwich

招牌三明治

產品數據

製作數量	8 個
操作工具	打蛋器、抹刀、鋸齒刀（麵包刀）砧板

材料

吐司	16 片
雞蛋	4 顆
三明治火腿	8 片
沙拉醬	1 條（約 120 公克）

作法

1. 雞蛋打散過篩，平底鍋加入適量沙拉油熱鍋，把蛋液煎成蛋皮，切成四等份。
2. 平底鍋加入適量沙拉油熱鍋，把火腿煎熟。
3. 用抹刀將 4 片吐司均勻抹上沙拉醬，第 1、4 片塗一面，第 2、3 片塗雙面。
4. 依序將吐司 1、蛋皮、吐司 2、火腿、吐司 3、蛋皮、吐司 4 排列整齊。
5. 用麵包刀切除吐司邊，再對切成兩個三角形即可。

TIPS !!

◎可用烤箱烤熟蛋液與火腿，以上火 180℃ / 下火 180℃，烤約 6 ～ 10 分鐘。

◎切割須用鋸齒刀切面，三明治的整體外觀才不會擠壓變形，或切面不平整。

學生專區

- 切割後剩下的吐司邊可做何種用途？如刷奶油、沾糖，烘烤成餅乾條等。
- 沙拉醬可用其他內餡取代？如鮮奶油或奶油霜等。
- 吐司可否換成抹茶口味吐司呢？
- 成品製作完須放室溫或冷藏儲存呢？

老師專區

- 老師如果有教過吐司的課程，可以先將吐司放冷凍儲存，待上這門課時便可取出應用。
- 蛋皮及火腿須放置與吐司相同大小的份量，每一層材料顏色分明，剖面才會漂亮。

Tuna Sandwich

鮪魚三明治

產品數據

製作數量　4個
操作工具　鋸齒刀、抹刀

材料

切片白吐司	4片	酸黃瓜	50公克
罐裝鮪魚	250公克	西芹	50公克
洋蔥	50公克	沙拉醬	120公克

作法

1. 洋蔥去頭尾，剝皮切碎；酸黃瓜切碎；西芹去除根部及不需要的葉片，切碎備用。
2. 鮪魚內油份去除（用濾網或篩網即可）。
3. 準備乾淨容器放入擰乾的鮪魚，拌入碎洋蔥、酸黃瓜、西芹與沙拉醬，混合均勻。
4. 取1片吐司將抹醬塗抹均勻，蓋上另1片吐司，切去吐司邊對切成半。

TIPS !!

◎鮪魚罐頭一定要將油與水份擰乾，才不會導致內餡過於濕潤。

◎內餡塗抹力求厚度一致，或中間稍微厚一些，外觀較具賣相。

學生專區

- 鮪魚吐司要現做現吃最新鮮，否則內餡容易出水，吐司老化變硬。
- 不立即食用須封好隔絕空氣，否則吐司易風乾，走樣變形。

老師專區

- 蔬菜碎要切碎一點，口感才能與鮪魚融合，如果要留下蔬菜口感，則切小丁也可以。
- 口味上可換煙燻雞肉及加上適量黑胡椒粒、雞粉等調味。

Toscana Toast Stick

托斯卡尼吐司條

產品數據

製作數量 15～20 小條
預熱溫度 上火 150℃ / 下火 150℃
烤焙時間 15～20 分鐘
操作工具 平烤盤、鋸齒刀、平底鍋、鋼盆、夾子、抹刀、砧板

材料

材料	份量
厚片吐司	4～5 片
煉乳	120 公克
動物性鮮奶油	200 公克
起士片	12 片

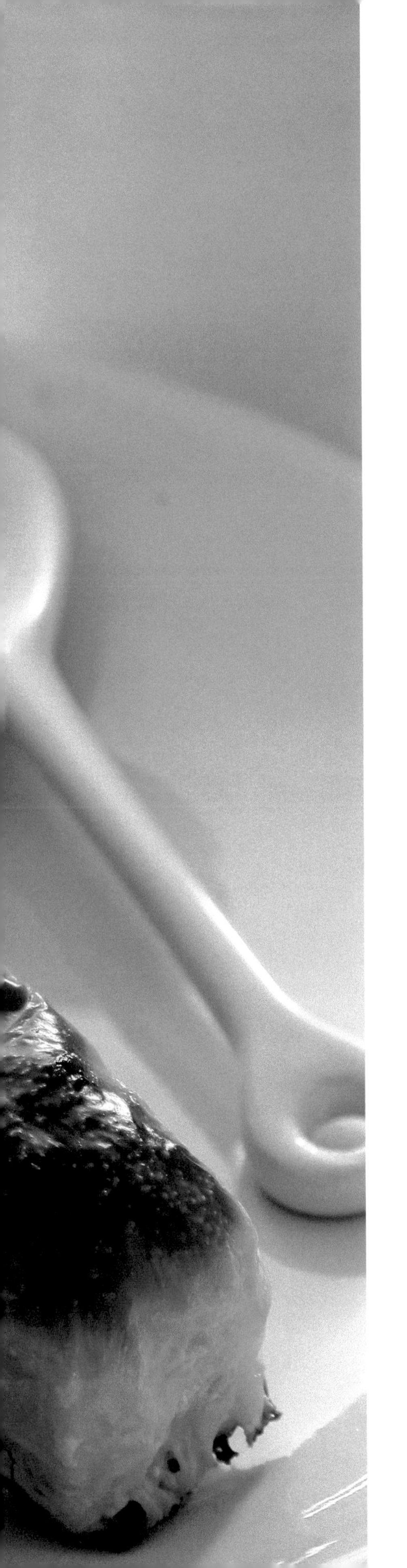

作法

1. 厚片吐司切塊（或對切）備用。
2. 鍋子加入動物性鮮奶油，以小火加熱，加入煉乳、起士片，煮至完全融化。
3. 參考【產品數據】預熱烤箱；厚片吐司均勻沾上奶油煉乳起士液，排列於烤盤上。
4. 參考【產品數據】放入預熱好的烤箱，入爐烘烤至表面金黃即可。

TIPS !!

◎加熱動物性鮮奶油、煉乳、起司片時若開大火，高油脂成份材料容易燒焦。

◎醬汁煮愈久愈濃稠，但不易沾上吐司，可用抹刀塗抹。

學生專區

- 吐司條沾抹醬汁後，可加上碎堅果、核桃碎等等又或者有其他口感、香氣的食材？
- 起司片有黃色和白色等分別，製作上是否有風味差異？

老師專區

- 吐司片可以冷凍過後再切條，這樣吐司體會比較硬挺，沾附醬汁也比較均勻。
- 醬汁遇冷容易變濃稠，可以用鋼盆裝著，底部隔一層熱水保持醬汁流動性，如此在抹面或沾附時會比較平整。
- 醬汁也可以再加入少許動物性鮮奶油，調整軟硬度。

Danish Butter Cookie

奶油小西餅

產品數據

製作數量	60片（3種花樣）
預熱溫度	上火210℃ / 下火150℃
烤焙時間	12～15分鐘
操作工具	擠花袋、鋸齒花嘴

材料

白油	70公克
無鹽奶油	70公克
糖粉	70公克
全蛋	50公克
低筋麵粉	180公克
香草粉	2公克

作法

1 粉類分別過篩；無鹽奶油加入白油軟化，加入糖粉拌合，微微打發。

2 把全蛋分次加入拌勻，每次都要混合均勻才可再加。

3 粉類加入拌勻，用切拌的方式混合，避免過度攪拌。

4 參考【產品數據】預熱烤箱；將麵糊放入擠花袋中，烤盤鋪上烤盤紙（不沾烤盤則不需要烤盤紙），用花嘴擠出小西餅麵糊，每片約3～5公分，間距相等大小一致，靜置鬆弛。

5 參考【產品數據】放入預熱好的烤箱，入爐烘烤至表面金黃，內裏熟成即可。

TIPS !!

◎以糖油拌合法微微打發或拌合即可，打太發麵糊偏軟，烤焙後容易失去紋路。

◎所有材料都要拌融，否則烤焙後容易分離或有孔洞。

學生專區

- 可將兩片小西餅互相夾為一份，中間內餡可夾入巧克力或奶油霜等。
- 麵糊製作時如果拌粉過度，產品容易有哪些現象？

老師專區

- 麵糊烤焙前可點綴果醬，或在出爐冷卻後，以巧克力做線條裝飾。
- 可請學生多練習幾種花樣的紋路，但需注意款式、大小、厚度要一致，產品熟成度與色澤才會相同。

Langues de Chat Biscuits

貓舌餅乾

產品數據

製作數量	50片
預熱溫度	上火 210℃ / 下火 150℃
烤焙時間	12 ～ 15 分鐘
操作工具	擠花袋、圓口花嘴

材料

無鹽奶油	140 公克
糖粉	140 公克
蛋白	120 公克
低筋麵粉	140 公克

作法

1 粉類分別過篩；無鹽奶油打至鬆散狀態，加入糖粉拌合，微微打發。

2 蛋白分次加入拌匀，混合均匀才可再加。

3 粉類加入拌匀，用拌的方式混合，避免過度攪拌。

4 參考【產品數據】預熱烤箱；麵糊放入擠花袋中，烤盤鋪上烤盤紙（不沾烤盤則不需要烤盤紙），擠出小西餅麵糊，每片約 3 ～ 4 公分，間距相等大小一致，重敲桌面後鬆弛。

5 參考【產品數據】放入預熱好的烤箱，入爐烘烤至表面金黃，內裏熟成即可。

TIPS !!

◎蛋白不可太冰，否則容易使奶油回復到原本的固體狀態。

◎產品烤焙完，外圍須呈現薄且上色的狀態。

學生專區

- 練習時要力求大小與厚度一致，成品才會美觀。
- 產品如果烤焙不夠或烤焙太久，會發生哪些外觀與口感上的變化？

老師專區

- 麵糊擠完後重敲，可撒上些許海苔粉或黑芝麻在麵糊上，增添風味。
- 可擠成圓形或長條形，成品趁熱可塑型。

Egg Yolk Pastry 蛋黃酥

產品數據

製作數量	40 個
烤焙溫度	上火 220℃ / 下火 200℃
烤焙時間	18～22 分鐘
分割數據	油皮：油酥：內餡 20 公克：15 公克：25 公克
操作工具	平烤盤 1（42cm*61cm） 切麵刀、擀麵棍、毛刷

油皮

中筋麵粉	400 公克
糖粉	80 公克
豬油	140 公克
冰水	160 公克

油酥

豬油	200 公克
低筋麵粉	400 公克

內餡

加油烏豆沙	1000 公克

裝飾

蛋黃	3 顆
黑芝麻	15 公克

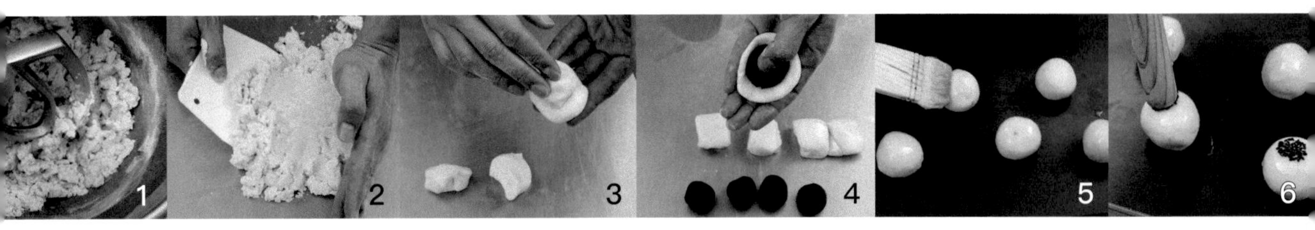

作法

1 粉類分別過篩備用。

2 油皮作法：所有材料一同用攪拌器拌成糰，手搓表面呈現光亮即可，蓋上塑膠袋鬆弛。

3 油酥作法：低筋麵粉與豬油利用攪拌器略拌成糰，取出用手掌壓拌均勻。(圖1～2)

4 內餡分割前要先揉過，參考【產品數據】將油皮、油酥、內餡分割完畢。

5 整形：油皮包油酥，擀捲二次，包入內餡。(圖3～4)

6 表面刷兩次以上蛋黃液，利用擀麵棍放上裝飾用黑芝麻，參考【產品數據】放入預熱好的烤箱，入爐烘烤。(圖5～6)

7 著色把產品調頭續烤，關火，續燜至表面呈現金黃色，出爐，成品。

老師專區

- 油皮包油酥也可以把重量改成，油皮：油酥/40公克：30公克，擀捲一次，中間切斷，對折壓平後，包餡，這樣操作速度會比較快，減少一次鬆弛的時間。
- 內餡可改成芋頭內餡；芋頭餡區分：麵包用、西點用、餅用……訂購時要注意，如果訂購非餅用的內餡，質地會太軟，不方便操作，且在烤焙時，容易爆餡。
- 油脂部分，可以選用，酥油、無水奶油、精緻豬油……當然豬油烤酥性是最大。

TIPS !!

◎油皮鬆弛時，避免直接接觸空氣，導致結皮；油皮鬆弛過程中，筋度會再補強。

◎鹹蛋黃以上火200℃ / 下火200℃先烤12～15分鐘，表面可噴米酒去腥。

◎國中技藝比賽整形建議如下圖左邊，裁判成品切面會比較漂亮。(圖7)

學生專區

- 帶保鮮盒來裝，避免碰撞，影響外觀，待完全冷卻後加蓋，產品不用冰，室溫陰涼處即可。
- 油皮包油酥擀捲示意圖：
- 油皮包油酥接口處朝上，用擀麵棍擀開，捲起呈長條狀，接口朝上再次擀開捲起，呈現短棒柱形，中間手指略壓兩端，朝中間捏起，鬆弛後即可包內餡。(圖8～14)

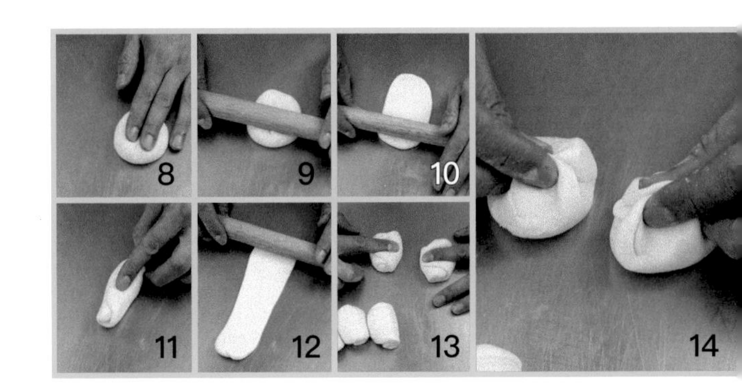

Pineapple Cake 鳳梨酥

產品數據

製作數量	60個
烤焙溫度	上火200℃/下火140℃
烤焙時間	16～18分鐘（12分翻面）
分割數據	糕皮：內餡/18公克：12公克
操作工具	長方模、打蛋器、切麵刀

糕皮

無鹽奶油	300公克	蛋黃	2顆
糖粉	100公克	低筋麵粉	450公克
奶粉	40公克	芝士粉	20公克
雞蛋	1顆		

內餡

鳳梨餡	720公克

作法

1 糕皮作法：採糖油拌合法，先將粉類分別過篩備用；雞蛋、蛋黃打散成蛋液。

2 軟化的無鹽奶油加入糖粉、奶粉、芝士粉，拌打至起絨毛微白階段。

3 參考【產品數據】預熱烤箱；將打勻的蛋液分成數次慢慢加入，避免油水分離。

4 加入低筋麵粉，以壓拌法拌勻即可，避免拌打出筋，參考【產品數據】分割糕皮與內餡。
糕皮包入內餡，整形成長條形。(圖1～4)

5 把包好內餡之糕皮以長條橫躺方式放入模具（圓形容易將麵糰殘留在模具外），以手掌壓平。（圖5～6）

6 參考【產品數據】放入預熱好的烤箱，入爐烘烤，當烤到12分鐘時打開烤箱，把產品翻面續烤，出爐時脫模要小心不要損壞四個角，成品。

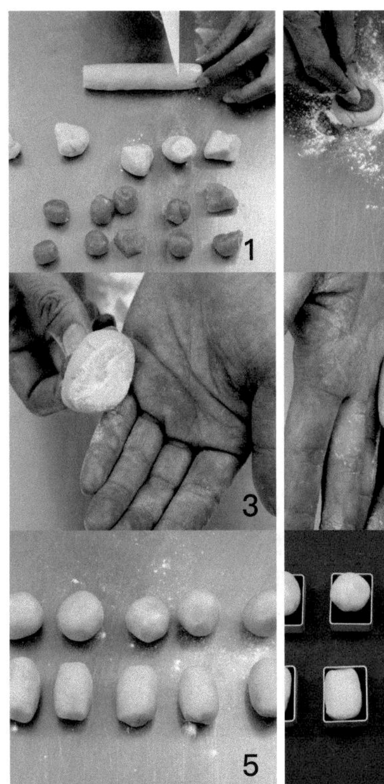
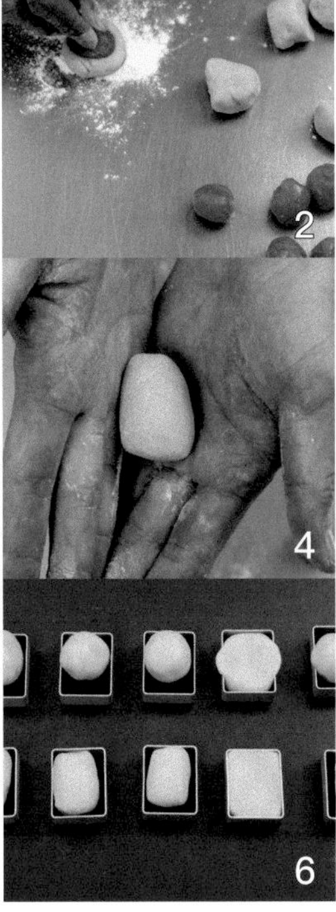

TIPS !!

◎糕皮有剩，壓平冷凍，下次直接退冰使用。

◎內餡切割可撒椰子粉比較香。當然，撒麵粉當手粉也是可以。

老師專區

- 如果學校模具為正方形，糕皮與內餡比例可改為 25 公克與 20 公克。

- 糕皮包完內餡，在壓模時有一點凹洞為正常，如壓模剛好滿滿，烤出來成品外觀不佳，需預留膨脹空間。內餡可依個人喜好變化。（例如：藍莓、哈密瓜、白柚等）

- 中途翻面不要脫模具，烤到兩面著色出爐後，再脫模具。

- 如學校模具不夠，模具等第一次出爐，再壓模續作第二次，上課時間會來不及。沒關係，請學生都一樣包好，整形成跟模具大小差不多，一同烤焙，不會因為受熱，導致糕皮外溢。

學生專區

- 上課前可以預先跟老師討論，喜歡哪一種口味的內餡，請老師協助訂貨。

- 可以準備包裝材料，完全冷卻後，可以包裝成小禮物，與其他同學分享。

- 水果酥包裝有很多種：棉袋、紙盒、自黏袋等等，喜歡哪一種，可以請老師協助訂貨

Chocolate Sponge Cake

巧克力海綿

產品數據

製作數量	3 個
預熱溫度	上火 190℃ / 下火 170℃
烤焙時間	35 ～ 40 分鐘
分割數據	550 公克 /1 個
操作工具	鋼盆、刮刀、白報紙 1 張 8 吋圓形固定模

材料 A

全蛋	700 公克

材料 B

細砂糖	460 公克
鹽	10 公克

材料 C

低筋麵粉	420 公克
可可粉	50 公克
發粉（泡打粉）	5 公克
小蘇打粉	5 公克

材料 D

沙拉油	90 公克
奶水	90 公克

作法

1. 模具底部鋪底紙；材料A倒入攪拌缸拌勻，加入材料B，以球狀拌打器打發至手指拉起不滴落。
2. 材料C過篩；以刮刀或軟刮板將材料C分次拌入麵糊。
3. 材料D倒入麵糊中，拌勻。
4. 參考【產品數據】把準備好的麵糊倒入模具中，往桌面輕震兩下震出空氣。
5. 參考【產品數據】放入預熱好的烤箱，入爐烘烤，當烤到25分鐘時打開烤箱，把產品調頭續烤，烤至內裏熟成即可。
6. 可以用竹籤插入測試是否熟成，沒有麵糊沾黏即可，出爐後倒扣，冷卻脫模。

TIPS !!

◎打發蛋時，可先將材料A與材料B隔水加熱升溫（約40℃），打發較快，成品組織也會較細緻。

◎製作過程中拌粉時須快而輕（迅速），否則可可粉（可可脂），容易使麵糊消泡。

學生專區

- 海綿蛋糕與戚風蛋糕有哪些不同的地方？
- 可可粉是否可以用巧克力磚取代？

老師專區

- 模具沒有一定，也可以使用8吋活動模。
- 亦可搭配蛋糕裝飾抹面課程，或巧克力片裝飾課程。

Soybean Milk Angel Cake

豆漿天使

產品數據

製作數量	3 個
預熱溫度	上火 190℃ / 下火 150℃
烤焙時間	30 分鐘
分割數據	550 公克 /1 個
操作工具	打蛋器、8 吋天使蛋糕模

材料 A

豆漿	190 公克
蛋白	110 公克

材料 B

低筋麵粉	330 公克
香草粉	15 公克

材料 C

鹽	5 公克
塔塔粉	10 公克
蛋白	810 公克

材料 D

細砂糖	360 公克

作法

1. 粉類過篩備用；材料 A 及材料 B 攪拌成白麵糊備用。（圖 1～2）
2. 蛋白、鹽、塔塔粉倒入攪拌缸，用 3 檔打至微微起泡後，放入細砂糖持續打發，打至濕性發泡，此為蛋白霜。（圖 3～4）
3. 取 1/3 的蛋白霜放入白麵糊中拌勻，拌勻後再倒回攪拌缸中，全部拌勻。（圖 5）
4. 參考【產品數據】把準備好的麵糊倒入模具中，抹平，輕敲兩下震出空氣。（圖 6）
5. 參考【產品數據】放入預熱好的烤箱，入爐烘烤，當烤到 20 分鐘時打開烤箱，把產品調頭續烤，烤至內裏熟成即可。
6. 可以用竹籤插入測試是否熟成，沒有麵糊沾黏即可，出爐後倒扣，冷卻脫模。

蛋糕卷作法

1. 以上火 190℃ / 下火 150℃ 預熱烤箱；烤盤內鋪上紙，撒上適量的肉鬆與蔥花。（圖 7）
2. 放入【豆漿天使】步驟 3 之處理完成的麵糊。（圖 8）
3. 用刮刀抹平，輕敲兩下震出空氣；入爐烘烤，以上火 190℃ / 下火 150℃，烤約 25 分鐘。（圖 9）
4. 可以用竹籤插入測試是否熟成，沒有麵糊沾黏即可，烤至內裏熟成後把成品對切。（圖 10）
5. 蛋糕體分離成兩片，取一片擠上適量美乃滋均勻抹平。（圖 11～13）
6. 取適當距離，以不劃斷的方式切割一道紋路，底部鋪上一張擰乾水分的抹布，止滑。（圖 14～15）
7. 用長擀麵棍慢慢往前推，捲起蛋糕體壓緊固定，切塊即可食用。（圖 16～17）

老師專區

- 形狀可依各種模型來製作，或製成蛋糕卷形式。
- 多的蛋黃可用來做虎皮蛋糕卷。

學生專區

- 豆漿是否可以換成牛奶呢？
- 塔塔粉可用哪些材料取代呢？
- 是否可做成巧克力或抹茶口味呢？

TIPS !!

◎成品麵糊可自由搭配、做成甜（蜜紅豆、葡萄乾等）或鹹（肉鬆等）的口感。

◎豆漿亦可換成桔汁水，風味不同。

◎【蛋糕卷】步驟 4 中的另一片蛋糕體可以放入不同的餡料，以相同的手法捲起。

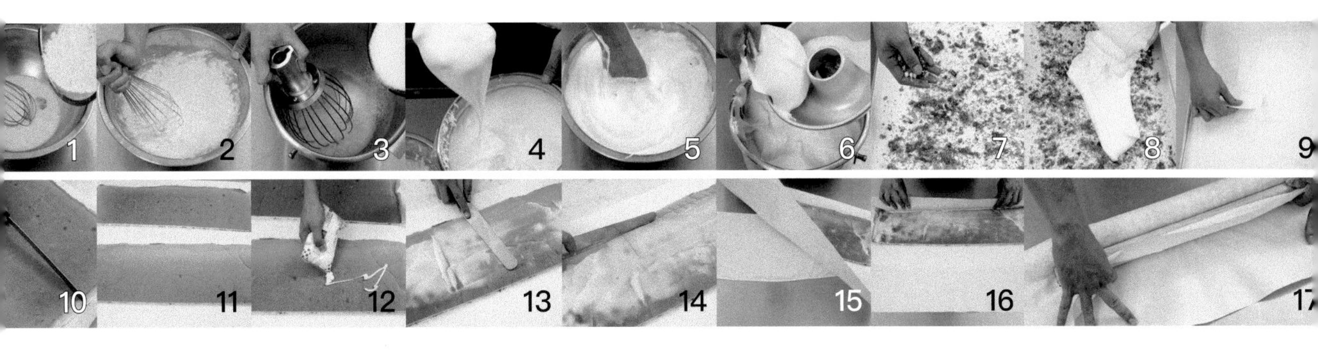

Orange Chiffon Cake

柳橙戚風

產品數據

製作數量	2 個
預熱溫度	上火 170℃ / 下火 150℃
烤焙時間	35 ～ 45 分鐘
操作工具	打蛋器、8 吋活動蛋糕模

材料

細砂糖（1）	80 公克	發粉（泡打粉）	5 公克
柳橙汁	230 公克	蛋白	12 顆
沙拉油	140 公克	鹽	2 公克
蛋黃	12 顆	細砂糖（2）	180 公克
低筋麵粉	260 公克	柳橙皮碎	5 公克

作法

1 粉類分別過篩；取乾淨鋼盆加入細砂糖（1）、柳橙汁、沙拉油、柳橙皮碎拌溶，加入蛋黃拌勻，繼續加入過篩粉類拌勻鬆弛，將鋼盆周圍麵糊刮乾淨避免乾掉。（圖1～2）

2 參考【產品數據】預熱烤箱；蛋白分次加入鹽、細砂糖（2）打至溼性接近乾性發泡，約6～7分發。

3 將步驟2的蛋白霜及步驟1的蛋黃麵糊拌勻，倒約450公克入模具，用手指將麵糊再次加強拌勻，讓麵糊中的氣泡更細緻。（圖3～5）

4 裝填後的麵糊高度約是8吋圓形模具的6～7分滿。（圖6）

5 參考【產品數據】放入預熱好的烤箱，入爐烘烤，可以用竹籤插入測試是否熟成，沒有麵糊沾黏即可。

6 出爐後倒扣，冷卻脫模，用抹刀貼著蛋糕模壁刮除側邊黏合的地方。（圖7）

7 模具往下搖晃倒扣，倒扣出蛋糕。（圖8～9）

8 蛋糕模底部及側邊用軟刮板刮除蛋糕體的表皮薄膜，以利清洗。（圖10～11）

老師專區

- 戚風蛋糕烤模不可抹油撒粉，因戚風蛋糕體的麵糊是黏靠模具壁而膨脹，若於側邊抹油撒粉麵糊無法具有抓壁力，會影響整體高度。

學生專區

- 柳橙汁是否可換成牛奶、水或其他液態材料呢？又會有什麼差異影響？
- 沙拉油是否可以換成奶油？要如何讓奶油變成液態？

TIPS !!

◎柳橙皮上的白膜須明確的切除乾淨，否則會帶有苦味。

◎烘焙時間須足夠，烤焙不足的蛋糕體容易收縮、高度不足。

Chocolate Chiffon Cake

巧克力戚風

產品數據

預熱溫度	190℃ / 下火 150℃
烤焙時間	25 ~ 35 分鐘
操作工具	烤盤（60cm*40cm*4cm 以上大小） 打蛋器、鋸齒刀（麵包刀） 長擀麵棍（60 公分以上）

蛋白

鹽	2 公克	蛋白	520 公克
塔塔粉	5 公克	細砂糖（2）	210 公克

材料 A

沙拉油	230 公克
熱水	230 公克
可可粉	80 公克

材料 C

全蛋	70 公克
蛋黃	260 公克

材料 B

細砂糖（1）	120 公克

材料 D

小蘇打粉	10 公克
低筋麵粉	210 公克
玉米粉	40 公克
發粉（泡打粉）	5 公克

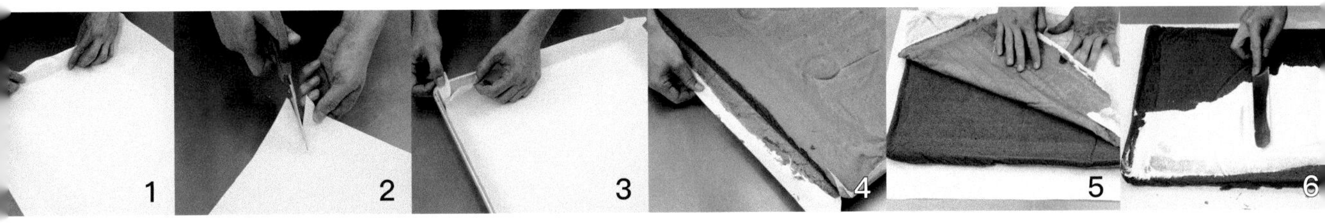

作法

1 烤盤鋪紙，先將白報紙對比一下烤盤尺寸，把白報紙四邊剪裁斜邊約 10 公分，將白報紙套入烤盤，並將四邊剪裁處浮貼。（圖 1 ～ 3）

2 蛋黃麵糊製作：將材料 C 的全蛋與蛋黃打勻備用；材料 A、材料 B 拌至細砂糖融化，加入材料 C 之蛋液拌勻，把材料 D 的粉類過篩，均勻拌入。

3 蛋白製作：蛋白分離後勿碰油、蛋黃、水，把蛋白、鹽、塔塔粉用 3 檔打至微微起泡，將細砂糖（2）倒入持續打發，打至濕性接近乾性發泡，約 7 ～ 8 分發。

4 參考【產品數據】預熱烤箱；麵糊混合製作：取蛋白麵糊 1/3，放入蛋黃麵糊中拌勻，拌勻後再倒回裝有蛋白麵糊的鋼盆中，全部拌勻。

5 麵糊倒入鋪好白報紙的烤盤（約 1800 公克），以刮板抹平，輕敲兩下震出空氣，參考【產品數據】放入預熱好的烤箱，入爐烘烤。

6 出爐，小心捏著角落的白報紙取出蛋糕，離盤後將四邊圍紙撕開避免收縮，靜置冷卻，翻面後將底紙撕除。（圖 4 ～ 5）

7 均勻抹上奶油霜（詳 P.39，咖啡戚風小蛋糕），捲起後切 2 段。（圖 6）

老師專區

- 捲起蛋糕體時，力道應適中，過於用力易使蛋糕過度紮實，外型體積小變成橢圓狀；力道過小容易使蛋糕捲中間留有空洞。

- 蛋白內不可混到油脂及蛋黃等物質，否則不容易打發。蛋白霜宜打至溼性後段狀態，否則成品高度容易不足。麵糊內所有材料務必攪拌至混合。

TIPS !!

◎麵糊入烤盤抹平，應力求平整，如不平整，成品捲完後中間易產生空隙。

◎塗抹內餡過多容易造成捲起困難（滑動），且內餡易溢出至蛋糕捲外；反之過少時，容易造成蛋糕捲起時無法黏結而鬆垮脫離。

學生專區

- 將可可粉扣掉換成低筋麵粉後是否就是原味戚風蛋糕卷？

- 將可可粉抽換成抹茶粉可變成抹茶蛋糕卷，需注意抹茶粉為可可粉的 1/10 份量即可，否則蛋糕會變成青澀味和偏苦味！

Apple Pie

蘋果派

產品數據

製作數量	16 份
預熱溫度	上火 200℃ / 下火 170℃
烤焙時間	20 ～ 25 分鐘
操作工具	擀麵棍、切麵刀或西餐刀

材料

高筋麵粉	260 公克
低筋麵粉	80 公克
糖粉	20 公克
全蛋	1 顆
水	200 公克
無鹽奶油	80 公克

內餡

蘋果（視大小）	5 顆
黑糖	80 公克
肉桂粉	1 公克
豆蔻粉	1 公克
水（1）	400 公克
玉米粉	25 公克
太白粉	25 公克
水（2）	150 公克
檸檬汁	20 公克

裝飾

蛋液	適量
黑芝麻	適量

油酥

裹入油	200 公克

蘋果餡作法

1 蘋果洗淨削皮切丁，泡上鹽水或檸檬汁防止氧化。

2 黑糖以中小火炒至融化、加入蘋果拌炒至融合。
加入肉桂、荳蔻粉，中小火調味炒勻，加入 400 公克水轉大火煮開。

3 把玉米粉、太白粉、150 公克水混勻，慢慢加入步驟 2 勾芡煮滾，起鍋前加入檸檬汁，放涼備用。

老師專區

- 如上課時間較短或不足，可直接叫現成的起酥皮 16 片，直接教學生煮餡及整形。
- 有些起酥皮配方會加入酸的材料，如檸檬汁或醋等，其作用是降低筋性。

學生專區

- 除了整形成三角狀，還可以整形成長方形、三角形等創意造形，或是還可以整形成哪些形狀？
- 表面是否須要剪洞或插洞，會有何種作用與差異？
- 產品除了用烤焙的方式，是否可以用油炸的方式呢？

派皮作法

1 高筋麵粉、低筋麵粉、糖粉一起過篩，加入水、無鹽奶油、全蛋攪拌成光滑糰狀，靜置鬆弛 10 分鐘。

2 以英式裹油法包入【裹入油（起酥瑪琪琳）】，先三折二次鬆弛 10 分鐘，再三折二次，靜置鬆弛 10 分鐘。

3 整形擀開，擀成 40cm*40cm 的大小，靜置鬆弛 10 分鐘。

4 切割為一片 10*10cm 的正方片，靜置鬆弛 10 分鐘。

5 適量鋪上蘋果餡折成三角形，邊緣用叉子壓出紋路，刷上適量蛋液，以黑芝麻點綴。（圖 1 ～ 2）

6 參考【產品數據】放入預熱好的烤箱，入爐烘烤，烤至熟成上色，即可食用。

TIPS !!

◎麵糰皮與裹入油須軟硬度一致，做起來才不會破皮（破酥）或裹入油消失溶進麵糰。

◎內餡建議煮好降溫，放涼後才包入派皮中，凝固性較佳。

German Pudding Tart

德式布丁

產品數據	
製作數量	15～20 個
預熱溫度	上火 200℃ / 下火 200℃
烤焙時間	塔皮 15 分鐘 / 組合 15～20 分鐘
分割數據	約 30～40 公克
操作工具	陶瓷杯或鋁箔杯、打蛋器、篩網

塔皮	
無鹽奶油	240 公克
糖粉	80 公克
鹽	2 公克
全蛋	20 公克
低筋麵粉	310 公克
杏仁粉	20 公克

布丁液	
動物性鮮奶油	700 公克
細砂糖	60 公克
鹽	1 公克
香草莢	1 條
蛋黃	150 公克

蘋果餡作法

1 香草莢切開取籽備用；粉類分別過篩備用。

2 布丁液作法：將動物性鮮奶油、細砂糖、鹽、香草籽拌勻，煮至微微冒煙後關火，加入蛋黃拌勻，用篩網過篩去除泡沫渣。

3 塔皮製作：把無鹽奶油、糖粉、鹽攪拌微發，拌入全蛋充分拌勻。

4 一次加入過篩後的粉類，靜置鬆弛 10 分鐘。如麵糰太軟可入冰箱保存。

5 參考【產品數據】分割塔皮，共分割約 15 ～ 20 個麵糰，把麵糰滾圓擀開，慢慢捏入鋁箔模。（圖 1）

6 參考【產品數據】放入預熱好的烤箱，入爐烘烤，烤至烤至淡咖啡色即可，亦可壓重物防止塔皮過度膨脹。

7 布丁液倒入鋪有烤好塔皮之布丁杯，每杯倒入約 40 ～ 45 公克，參考【產品數據】放入預熱好的烤箱，再次入爐烘烤，出爐即可食用。（圖 2）

TIPS !!

◎塔皮的糖油打發不可過度，打發過度容易造成塔皮溼黏，不好操作。

◎添加杏仁粉是為了增加香氣及口感，也可以直接用低筋麵粉取代。

老師專區

- 少了塔皮也可以做成烤布蕾或蒸烤布丁的產品；也可以進貨現成塔皮，直接煮內餡、整形及烤焙。

學生專區

- 有的配方中，布丁內餡會添加黃色起士片或奶油乳酪（creamcheese），此時作法上該如何調整？要直接加入布丁液裡面一起融化嗎？

- 沒有新鮮香草莢可用什麼材料替代？香草精、香草粉嗎？

Pineapple Puff

菠蘿泡芙

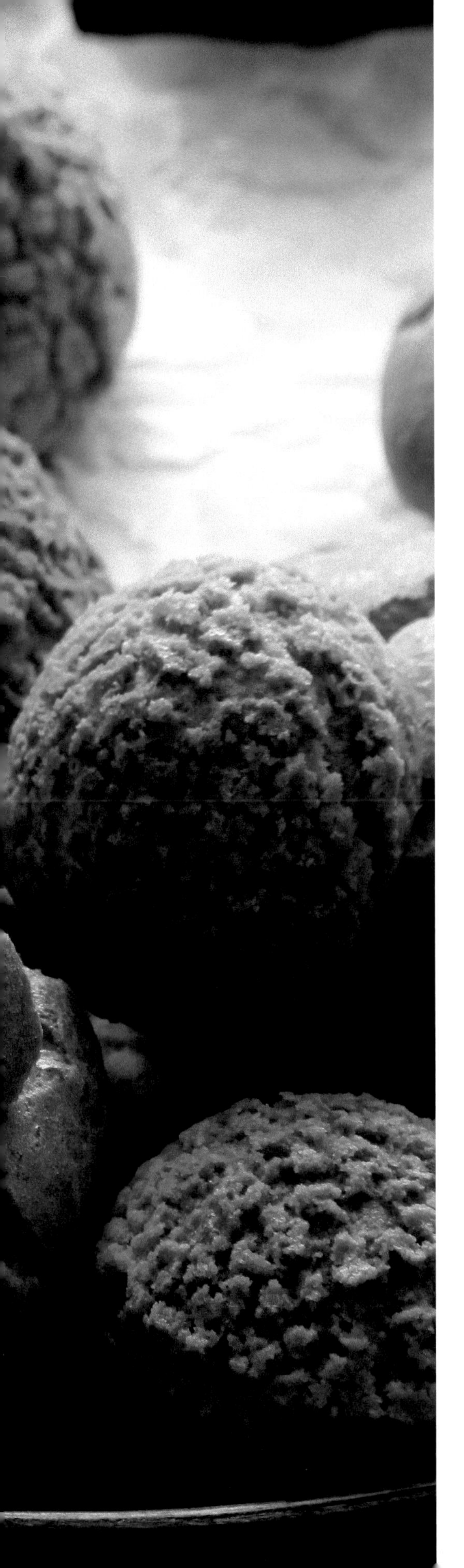

產品數據

製作數量	20～25 個
預熱溫度	上火 190℃ / 下火 190℃
烤焙時間	30～35 分鐘
操作工具	打蛋器、深鍋、擠花袋、擠花嘴 鋸齒刀（麵包刀）

菠蘿皮

無鹽奶油	50 公克
細砂糖	35 公克
低筋麵粉	50 公克
杏仁粉	15 公克

泡芙麵糰

牛奶	85 公克
水	85 公克
無鹽奶油	70 公克
沙拉油	80 公克
鹽	2 公克
高筋麵粉	160 公克
全蛋	350 公克

鮮奶油布丁餡

牛奶	250 公克
細砂糖	40 公克
玉米粉	20 公克
全蛋	1 顆
蛋黃	1 顆
蘭姆酒	10 公克
無鹽奶油	10 公克
植物性鮮奶油	200 公克

作法

1. 菠蘿皮製作：把配方中的粉類分別過篩；將細砂糖、無鹽奶油一同打至微發，拌入過篩的粉類，處理成糰。

2. 整形成長條狀封好，放入冰箱冷藏，使用時再切片，每片約5～6公克。（圖1）

3. 泡芙麵糰製作：將牛奶、水、無鹽奶油、沙拉油、鹽，直火加熱至滾沸。

4. 把配方中的粉類過篩；離火放入過篩之高筋麵粉，拌勻至成糰不黏鍋。

5. 微溫時分次加入蛋液，每次都要充分拌勻才可再加入蛋液，拌至麵糊拉起成倒三角形即可。

6. 麵糊裝入擠花袋，擠上防沾黏烤盤，每個麵糊之間都要留一些空間，間距相等大小一致，朝泡芙麵糊噴水，上面貼上菠蘿皮，參考【產品數據】放入預熱好的烤箱，入爐烘烤。（圖2～3）

7. 鮮奶油布丁餡：除了植物性鮮奶油，全部材料隔水加熱至濃稠，靜置冷卻即成為布丁餡。

8. 將植物性鮮奶油打至6～7分發，把冷卻的布丁餡和打發的植物性鮮奶油以打蛋器混合均勻。

9. 組合：待菠蘿泡芙出爐冷卻後，就可以從底部挖洞灌餡，或是將成品切半後裝入餡料組裝。

TIPS !!

◎油水一定要滾沸，麵粉瞬間倒入糊化。麵糰趁熱加入蛋液拌合，麵糰過冷加入蛋液，烘烤時易出油。製作時，油水煮沸後，沒有不停攪動以致油水分離，形成油脂分佈不均的麵糰，會影響其膨脹品質。

◎如果麵糊煮的時間不夠，會影響蛋量的添加。麵糊愈稀，則表皮愈薄。相反麵糊太稠出爐後，形狀為底小腰胖。

◎菠蘿皮的砂糖不要攪拌至融化，烘焙後產品較有顆粒感。

老師專區

- 蛋液量不一定要全加入，因為各家麵粉廠牌吸水量不一，糊化溫度也不一，這些因素都會影響吸水量。總之，麵糊最後宜呈現倒三角形，不可過軟或過硬。

- 進爐前宜噴水後再入爐烘烤，這樣可以使成品因水蒸氣而膨脹，爆發力更好。

- 底火溫度不可過高，否則容易使成品底部凹洞。而上火溫度若是太強，會妨礙麵糊向上膨大，使頂部成扁平形

學生專區

- 烘烤30分鐘以上才可開爐觀看或調爐成品，否則當成品在烘烤脹大時開爐，容易使冷空氣灌入而凹陷。成品宜烤至裂縫處有微上色，太白容易使內部摸起來溼黏或是成品外觀塌陷或凹陷。

- 任何油脂及高、中、低筋麵粉均可做泡芙，只是口感上及外觀的差別。

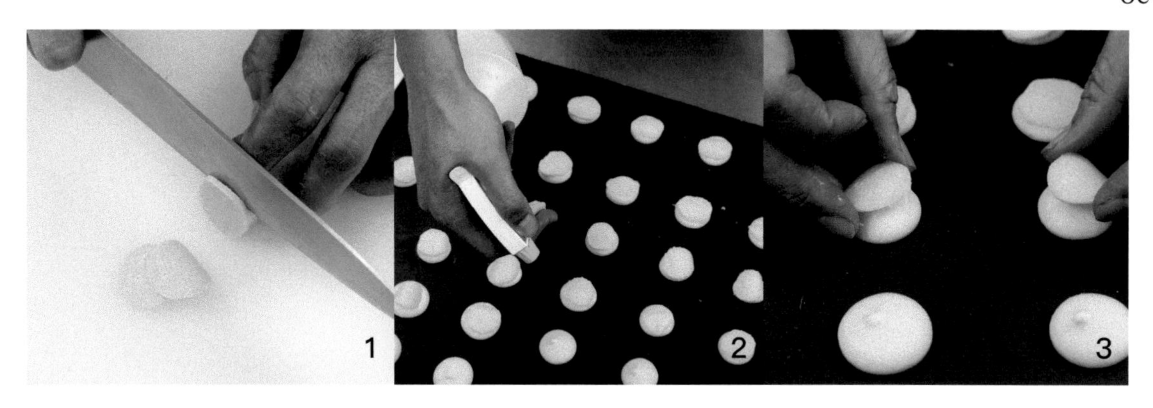

Note !!

Madeleine

瑪德蓮

產品數據

製作數量	20 個
預熱溫度	上火 180℃ / 下火 160℃
烤焙時間	20 ～ 25 分鐘
操作工具	瑪德蓮烤模、擠花袋或湯勺

材料

杏仁膏	70 公克	動物性鮮奶油	60 公克
蜂蜜	30 公克	蘭姆酒	15 公克
無鹽奶油	150 公克	檸檬皮屑	適量
蛋黃	150 公克	發粉（泡打粉）	1 公克
糖粉	50 公克	低筋麵粉	110 公克
鹽	1 公克		

作法

1. 無鹽奶油隔水加熱融化；杏仁膏、無鹽奶油與蜂蜜拌勻，分次拌入蛋黃。
2. 粉類分別過篩；糖粉與鹽一同拌入步驟 1，打發到材料融合。
3. 拌入動物性鮮奶油、蘭姆酒、檸檬皮屑。
4. 拌入過篩後的泡打粉與低筋麵粉。
5. 把麵糊裝入擠花袋中，包好靜置 2 小時以上（可放冷藏）。
6. 鋁模噴上烤盤油或抹上適量奶油，撒上麵粉防止沾黏。（圖 1 ～ 3）
7. 參考【產品數據】預熱烤箱；麵糊擠入模型，擠約 8 ～ 9 分滿。（圖 4）
8. 參考【產品數據】放入預熱好的烤箱，入爐烘烤，烤至瑪德蓮金黃熟成即可，每次烘烤建議只用「相同的模具」，避免影響產品受熱程度。

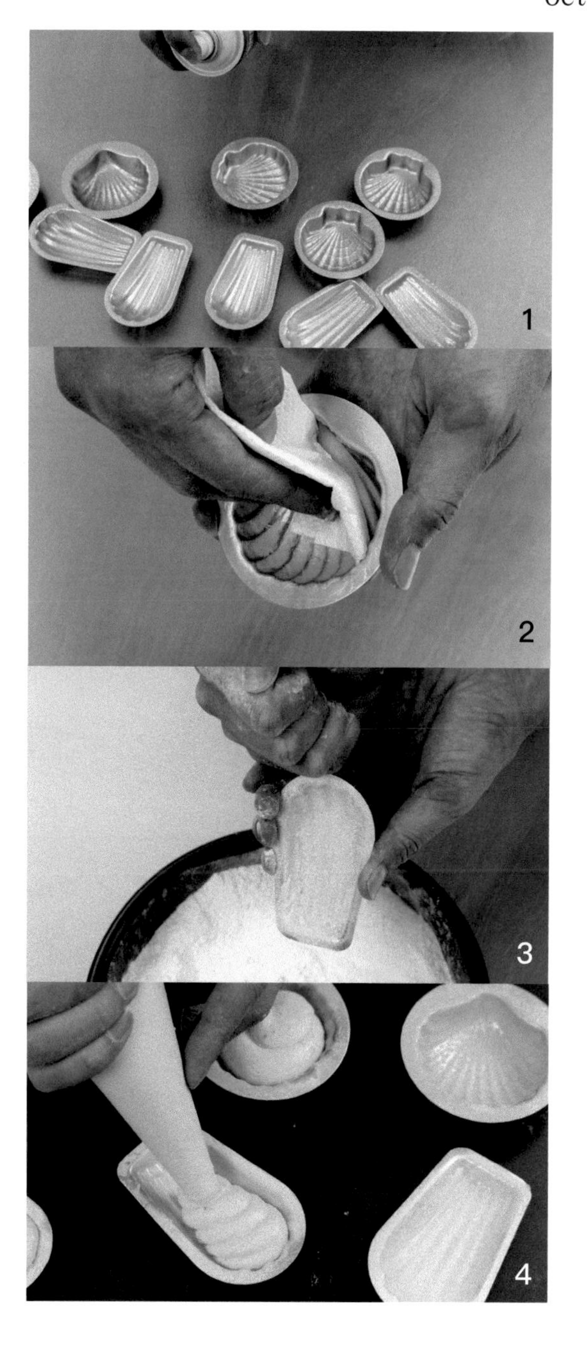

TIPS !!

◎如果麵糊中有杏仁膏或粉類的顆粒，要將麵糊過篩，麵糊才會細緻光滑。

◎如果沒有杏仁膏或採購不易，可以直接用杏仁粉 25 公克、水 15 公克、糖粉 30 公克攪拌均勻來取代製作。

◎取用檸檬皮時注意不可削到檸檬白色的部分，會發苦。

老師專區

- 麵糊可於前一天製作完成，冷藏冰箱一天，鬆弛更久，風味更佳。
- 無鹽奶油可以事先隔水加熱溶化，或利用烤箱加熱溶化，材料比較容易拌合。

學生專區

- 瑪德蓮是哪一地區著名的代表性經典西點？
- 若沒有模具可用哪些模型或器具取代呢？

Caramel Pudding

焦糖布丁

產品數據

製作數量	18個
預熱溫度	上火150℃ / 下火150℃
烤焙溫度	45分鐘
操作工具	布丁杯、雪平鍋或鋼盆

焦糖材料A

細砂糖	100公克
水（1）	30公克

焦糖材料B

水（2）	20公克

布丁餡液材料A

細砂糖	170公克
鹽	1公克
牛奶	1100公克

布丁餡液材料B

全蛋	450公克
蛋黃	110公克

1

作法

1 焦糖液製作：鍋子加入焦糖材料 A，以中火一同煮至黃褐色，煮至滴入冷水中會凝固的程度，關火，再加入焦糖材料 B 拌勻，分裝入模，凝固。

2 布丁液製作：布丁餡液材料 B 打勻備用；鍋子加入布丁餡液材料 A，以中火一同攪拌煮至細砂糖、鹽溶化，關火，加入打勻的布丁餡液材料 B 拌勻，以篩網過篩去除上面的泡沫渣，倒入裝有焦糖之布丁杯，約 90 公克 /1 個。（圖 1）

3 參考【產品數據】放入預熱好的烤箱，入爐烘烤，烤盤加入冷水，加至約烤盤 1cm 深度。

4 出爐冷卻，冷藏即可，也可以隔冰塊或冷凍少許時間降溫。

TIPS !!

◎焦糖液製作時，細砂糖未溶解及未變色前不要攪拌，否則容易成結晶狀。亦不可煮過頭而焦黑，會發苦。

◎焦糖趁熱入模，不需填平，烤焙時高溫自然融化平整。

老師專區

- 牛奶與糖加熱至 60℃左右，不可煮滾，否則蛋液會過度熟成（若牛奶煮滾需降溫，才可下蛋液）。

- 蛋液可以先拌打均勻後再加入牛奶糖液中，若是拌打不均勻，整體過篩時將熟成凝固材料篩除（如蛋液），將影響布丁後續烤焙凝固時間和成品外觀。

- 烤盤內的水約 0.5 ～ 1cm，水加過多成品不易熟；水分過少則烤箱溫度會拉高，會使布丁液容易澎漲，或側邊有蜂巢點狀。

學生專區

- 布丁烤完須確實冷卻，可放入冷藏降溫（或隔冰塊降溫），使成品更為凝固定型，倒扣時才不易裂開。

- 布丁成品倒扣容易崩掉潰散是哪些原因呢？

- 布丁和布丁餡在材料上的差別有哪些？

- 布丁會凝固的材料來源有哪些？

- 使用耐烤塑膠布丁杯和鋁模布丁杯來製作布丁，兩者在烤箱內的傳導熱源上是否有差異？

Coffee Chiffon Cake

咖啡戚風小蛋糕

產品數據

預熱溫度　上火 190℃ / 下火 150℃
烤焙時間　25～30 分鐘
操作工具　烤盤（60cm*40cm*4cm 以上大小）
　　　　　打蛋器、白報紙

材料 A

細砂糖（1）	210 公克
奶水	240 公克
沙拉油	185 公克
咖啡液	80 公克
蛋黃	185 公克
低筋麵粉	370 公克
發粉（泡打粉）	10 公克

材料 B

蛋白	370 公克
鹽	5 公克
塔塔粉	2 公克
細砂糖（2）	220 公克

裝飾

奶油霜	適量
核桃	適量
咖啡豆	適量

咖啡奶油霜

奶油霜	300 公克
濃縮咖啡液	30 公克
深色蘭姆酒	適量
蜂蜜	適量

作法

1 白報紙對比烤盤剪裁，烤盤鋪紙備用；粉類分別過篩。

2 細砂糖（1）、奶水、沙拉油攪拌混合至糖溶解，加入60ml咖啡液拌勻。

3 加入蛋黃拌勻，加入過篩低筋麵粉、泡打粉拌勻備用。

4 另取乾淨鋼盆放入蛋白、鹽、塔塔粉及細砂糖（2），打至溼性接近硬性發泡，約7分發。

5 取蛋白麵糊1/3，放入蛋黃麵糊中拌勻，拌勻後再倒回裝有蛋白麵糊的鋼盆中，全部拌勻。

6 麵糊倒入鋪好白報紙的烤盤，以刮板抹平，輕敲兩下震出空氣，參考【產品數據】放入預熱好的烤箱，入爐烘烤。

7 濃縮咖啡液用咖啡粉20公克、熱水60公克，一同泡開過濾；把咖啡奶油霜材料攪拌均勻即可。

8 奶油霜：白油、酥油、果糖比例為1：1：1，一同打至鬆發（白色），打愈發口感愈鬆軟，果糖視個人甜度增減，也可換成蜂蜜代替果糖，風味較好，也可加入少許深色蘭姆酒攪打，提增風味！奶油霜放在室溫下即可，如變太硬，加入少許沙拉油再攪打一下便回至鬆軟程度。

9 蛋糕出爐，冷卻後把蛋糕體切半，一半蛋糕體抹上咖啡奶油霜，取另一半蛋糕體疊上。

10 上層抹上咖啡奶油霜，分切成數小塊，擠上奶油霜，放上裝飾核桃或咖啡豆，完成。（圖1）

TIPS !!

◎咖啡液中的咖啡粉是若粗顆粒或不易溶解的粉末，最好用濾網過濾去渣。

◎沒有奶油霜也可用打發的植物性鮮奶油來取代。

老師專區

- 咖啡液可以用義式咖啡機萃取約60ml的espreso取代，風味更佳。
- 蛋糕體的整形方式也可以改成捲起方式，變為咖啡毛巾蛋糕卷。

學生專區

- 蛋白適合打發的溫度在幾度？蛋白加入細砂糖的時間點（如分次下或一次下）有何差異性？
- 蛋糕體冷凍冰硬後是否較好切割及抹面裝飾？

Korea Mochi Bread

韓國麵包

產品數據

成品樣式	○
預熱溫度	上火 180℃ / 下火 170℃
烤焙時間	40 分鐘
分割數據	40 公克
操作工具	擠花袋、噴水器

材料

韓國麵包預拌粉	900 公克
高筋麵粉	100 公克
奶粉	20 公克
醬油	20 公克
水	300 公克
雞蛋	7 顆
無鹽奶油	100 公克
黑芝麻	60 公克

作法

1. 除了黑芝麻外，攪拌缸加入所有材料，利用槳狀攪拌器，以慢速 1 分鐘拌成糰。
2. 再轉成中速 5 分鐘，攪拌至表面呈現光滑狀。
3. 加入黑芝麻，以慢速拌勻，起缸後手拿軟墊板，檢查底部是否有遺漏的材料。
4. 裝入擠花袋中，參考【產品數據】分割麵糰，如果過程黏手，撒大量高筋麵粉當手粉防黏；麵糰排列注意間隔距離，烤焙時會膨脹（烤盤須為鐵氟龍）。
5. 參考【產品數據】放入預熱好的烤箱，入爐烘烤，烤 3 分鐘噴水，再烤 3 分鐘噴水，總共噴 4 次水，調頭後關火燜烤，燜至手拿起感覺輕輕的，總共燜烤約 40 分鐘，烤至表面有裂痕，即可重敲出爐，成品。

學生專區

- 該項產品不用冰，盡量當天吃完，口感較佳。
- 一般製作麵包都是用手去分割滾圓，因為我的「韓國麵包」配方調的比較軟，因此用擠的就可以了。或許一開始擠的時候容易將麵糰拉起，不要灰心，多擠幾次就可以輕鬆掌握力道，擠的不好可以刮掉重擠，記住烤盤要乾淨，不然會將烤盤的雜質刮入麵糰中。

老師專區

- 基本配方不變，裝飾即可變化許多口味：例如添加可可粉及耐烤巧克力水滴，或是添加抹茶粉及蜜紅豆粒。
- 學校中有餐會，可以運用這一個配方，方便好操作，可先做好冷凍，出餐前再烤焙。
- 隨著學校中烤箱數量多寡，配方數量及產品外觀斟酌放大或是縮小，避免撞爐。
- 烤焙時下火容易上色，要視情況加墊烤盤，而出爐前一定要燜夠，否則成品容易收縮。

TIPS !!

◎無鹽奶油需先退冰呈現軟化狀況，如果油脂很硬，可改用酥油取代。

◎麵糰很黏手不好操作，也可將麵糰裝入擠花袋（不加花嘴），填擠在烤盤，縮短整形時間。

Lady Fingers Cookie

指型小西餅

產品數據

製作數量	60 個
預熱溫度	上火 200℃ / 下火 180℃
烤焙時間	12 分鐘
操作工具	擠花袋、圓形花嘴

裝飾

糖粉	適量

材料

蛋黃	100 公克
細砂糖（1）	100 公克
蛋白	140 公克
鹽	1 公克
細砂糖（2）	140 公克
低筋麵粉	230 公克
香草粉	1 公克

TIPS !!

◎擠花袋先用手指繞住擠花袋與花嘴，將擠花袋塞入一些擠花袋堵住；手掌呈現虎口狀，將擠花袋反折一半套上虎口，使用刮刀輔助裝填入麵糊，擠花袋內部的周圍即可呈現乾淨狀，也不會增加耗損。（圖 12 ～ 17）

◎小西餅可用全蛋式打法或分蛋式打法；全蛋式打法如海綿蛋糕的製作及打發程度，材料拌合速度及操作過程須快速，否則容易消泡而使產品無法澎脹，呈現扁平狀。

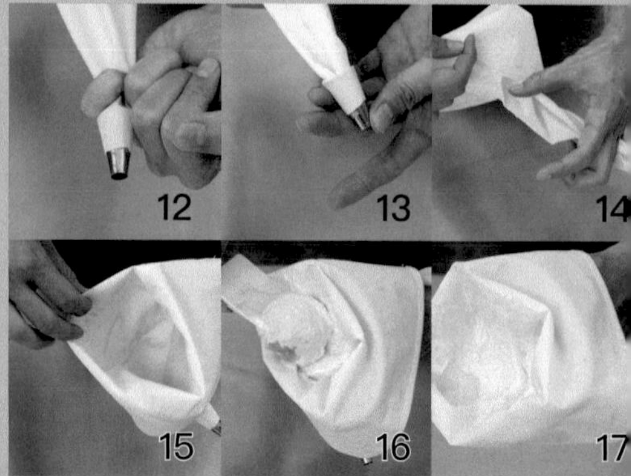

作法

1 擠花袋、花嘴、軟墊板準備好；準備烤盤與裁切好的白報紙；粉類分別過篩；攪拌缸加入蛋黃及細砂糖 (1)，一同打至反白。

2 將蛋白、鹽、細砂糖 (2) 一同打至硬性發泡。
將步驟1拌入步驟2中，拌約8分均勻即可。（圖 1）

3 加入過篩後的低筋麵粉、香草粉，拌勻，將麵糊裝入擠花袋。（圖 2～3）

4 在白報紙上擠上麵糊，撒上裝飾糖粉，將糖粉抖散，鋪入烤盤；或是擠成扁的圓形後撒糖粉，將糖粉抖散掉後鋪入烤盤，參考【產品數據】放入預熱好的烤箱，入爐烘烤。（圖 4～10）

5 出爐放涼，冷卻後用硬刮板輔助脫離白報紙。（圖 11）

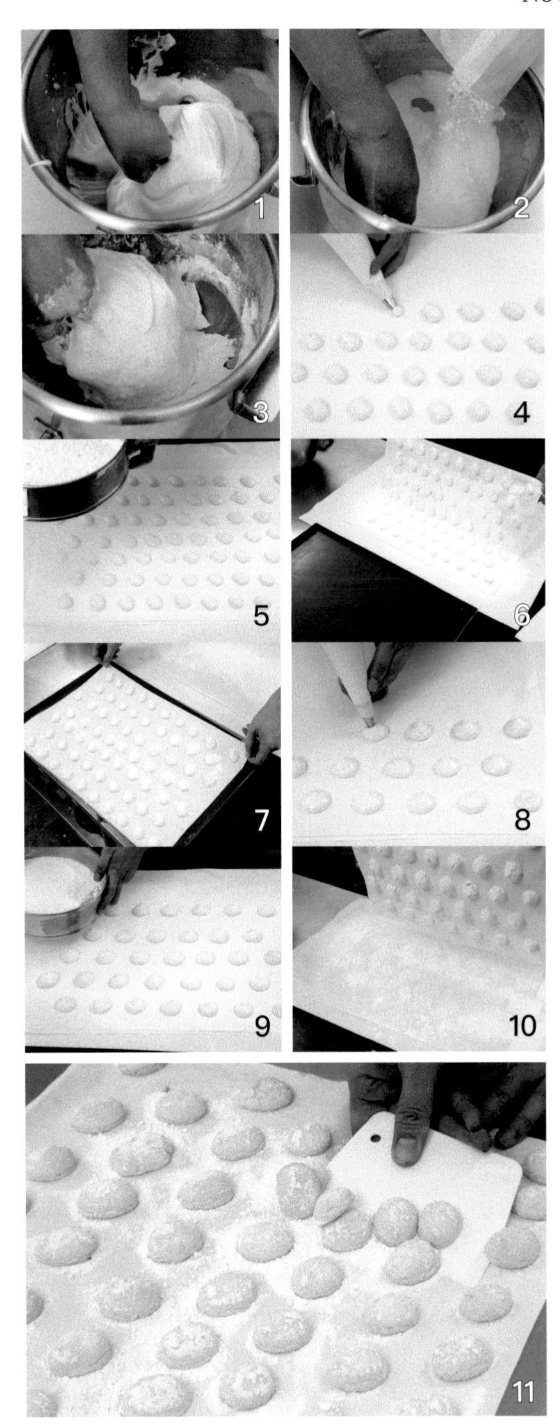

老師專區

- 製作完成的小西餅可夾上奶油霜或果醬。（圖 18～19）
- 產品儲存時須密封好，否則產品一但吸濕後容易軟化。

學生專區

- 麵糊的形狀可為圓形或長條狀，同學們可想看看，沾取咖啡酒糖液後的指形小西餅，是不是哪一道經典西點中的重要主角之一？此道經典西點翻譯後的中文名稱又有一項含意，同學們可以上網查詢。

Honey Cake

蜂蜜蛋糕

產品數據

製作數量	1 盤（42cm*61cm）
烤焙數據 A	上火 200℃ / 下火 140℃，15 分鐘
烤焙數據 B	上火 160℃ / 下火 140℃，25 分鐘
烤焙時間	全程約 40 分鐘
操作工具	西點刀

材料 A

全蛋	1.5 公斤
細砂糖	500 公克
蜂蜜	200 公克
中筋麵粉	650 公克
SP（起泡劑）	80 公克
沙拉油	300 公克
奶水	300 公克

材料 B

蛋黃	2 顆
可可漿	適量

作法

1. 中筋麵粉過篩；沙拉油與奶水隔水加熱至45℃備用。
2. 全蛋與細砂糖拌勻，隔水加熱至40～43℃，以鋼絲攪拌器打至蛋液起泡。
3. 加入中筋麵粉，先慢速拌勻後，改快速打15分鐘，讓麵糊斷筋。
4. 加入SP（起泡劑）快速打發，轉中速，倒入蜂蜜拌勻。
5. 分數次加入隔水加熱後的沙拉油與奶水。
6. 麵糊倒入烤盤中，表面抹平。擠上蛋黃液或是可可漿，做出表面裝飾。
7. 參考【烤焙數據A】放入預熱好的烤箱，入爐烘烤，先烤15分鐘，著色後調頭，參考【烤焙數據B】續烤至熟。
8. 出爐放涼，冷卻後切割適當大小，成品。

老師專區

- 加入麵粉，快速打15分鐘，目的是讓麵糊斷筋，如時間不夠，可以直接加入SP快速打發。加入SP前，確定鋼盆底下麵粉都拌勻，避免成品底部嚴重結粉粒。
- 配方中加入120～150公克的可可粉，就是巧克力口味，可可粉與麵粉可以一同過篩後加入。

TIPS !!

◎冬天雞蛋溫度比較低，須隔水加熱攪拌40～43℃，讓蛋液回溫，降低蛋黃濃稠度，易於打發。

◎打發比重介於0.45～0.5。（水的比重為1）

◎註1：比重測量法為1整杯麵糊重量（公克）除以1整杯滿水重量（公克）等於實際比重（含）以下。每一款蛋糕都有理想的膨發比重數值。

學生專區

- 1.5公斤，大約要取幾個中型雞蛋，如果是液體蛋白跟蛋黃，要各加入多少？
- 擠蛋黃液裝飾時，要注意，如果擠太多，容易導致蛋黃液流入蛋糕底，導致成品底部有一塊塊的蛋黃硬塊，影響口感。

Longan Cup Cake

桂圓蛋糕

產品數據

製作數量	24 個
烤焙數據 A	上火 180℃ / 下火 180℃，15 分鐘
烤焙數據 B	上火 160℃ / 下火 160℃，15 分鐘
操作工具	馬芬模、油力士紙

材料

全蛋	300 公克
細砂糖	260 公克
紅糖	75 公克
低筋麵粉	370 公克
發粉（泡打粉）	5 公克
沙拉油	390 公克
桂圓肉	260 公克
養樂多	150 公克

裝飾

核桃	100 公克

作法

1 於開始製作前將桂圓肉、養樂多一同在室溫泡製半小時，以保鮮膜封好；把沙拉油加熱至溫熱，約 40 ～ 50℃。（圖 1）

2 全蛋先稍稍打發，拌入細砂糖、紅糖，打發到如海綿蛋糕的狀態，麵糊呈現濃稠狀，拉起後 5 秒不滴落。

3 低筋麵粉、泡打粉過篩後分次拌入；將浸漬好的桂圓肉切碎備用。

4 麵糊拌入溫熱的沙拉油（約 40 ～ 50℃）、桂圓肉及部分核桃。（圖 2）

5 裝填到油力士紙杯中，表面撒上核桃。（圖 3）

6 參考【烤焙數據 A】放入預熱好的烤箱，入爐烘烤 15 分鐘，烤至表面著色，再參考【烤焙數據 B】入爐烘烤，降溫可使產品內外穩定熟成，不致表面過度焦黑、內部軟爛。最終烤到產品表面乾爽，擁有如小麥般的金黃色澤即可。

老師專區

- 麵糊不要打太發，否則會爆掉，影響外觀，且口感會不夠扎實，易鬆軟。
- 沙拉油最好在拌入前先溫熱過，較容易拌入麵糊。
- 桂圓肉以剪刀剪成小塊，入口才不會太大顆，影響口感。

學生專區

- 若將桂圓肉、核桃去掉，還可以用哪些材料取代呢？
- 若覺得口感太甜，可以怎麼調整材料？

TIPS !!

◎桂圓肉和養樂多可於製作前一天提早泡製，增加香氣。

◎核桃可先以上火 150℃ / 下火 150℃，烤約 15 分鐘，烤香備用。

◎裝入油力士紙杯時，最高裝到 8 分滿即可，超過容易爆出。

Light Cheese Cake

輕乳酪

產品數據	
烤焙數據 A	上火 200℃ / 下火 140℃，15 分鐘
烤焙數據 B	上火 160℃ / 下火 140℃，20 ～ 25 分鐘
烤焙時間	全程約 35 ～ 40 分鐘
操作工具	8 吋固定蛋糕模 3 個、打蛋器 橡皮刮刀、軟墊板

麵糊	
奶油乳酪	500 公克
牛奶	500 公克
無鹽奶油	60 公克
低筋麵粉	30 公克
玉米粉	30 公克
蛋黃	175 公克

蛋白	
蛋白	375 公克
細砂糖	175 公克
塔塔粉	1/4 小匙
精鹽	1/4 小匙
新鮮檸檬汁	30 公克

作法

1 低筋麵粉與玉米粉、塔塔粉分別過篩備用，模具均勻抹上油脂備用。（油脂選用烤盤油、酥油、無鹽奶油或是白油都可以）

2 奶油乳酪、牛奶及無鹽奶油加熱，以中小火火攪拌至完全融化，溫度約為70℃，不超過75℃，否則加入粉類糊化程度會超過。（圖1）

3 加入已過篩的低筋麵粉、玉米粉拌勻，蛋黃分數次加入拌勻。（圖2）

4 取乾淨鋼盆加入蛋白，加入精鹽及塔塔粉打至起泡，加入細砂糖打發至濕性發泡後，加入檸檬汁即可。

5 取部份蛋白與麵糊輕柔的攪拌均勻，再倒入蛋白中，攪拌均勻。

6 平均填入模具中，輕敲兩下震出空氣，採水浴法烘烤，烤盤注入適量的水，放上模具，參考【烤焙數據A】放入預熱好的烤箱，入爐烘烤，烤至約15分鐘時會上色，參考【烤焙數據B】著色調頭，關掉上火開風門，烘烤至熟成即可。（圖3）

7 出爐，待涼後再脫模（出爐5分鐘後），確定四周都與模具邊分離再倒扣脫模，成品。（圖4～5）

TIPS !!

◎模具抹油建議用海綿，不建議用毛刷，因為毛刷很容易掉毛。

◎蛋白與麵糊攪拌，稍微拌久一點，讓麵糊有一點水化，成品組織會較細緻。

老師專區

- 奶油乳酪可以先微波軟化，如果沒有微波爐，剛自冰箱取出，用手撕一小小塊放入牛奶中；無鹽奶油切成小塊狀，在加熱的前半段，可以隔水加熱，學生就不用一直顧，可以去秤其他材料。
- 學校如果有長條橢圓乳酪模，這一個配方可以製作五條。

學生專區

- 成品需冷藏保存，冷凍更佳，食用前15分鐘取出退冰。
- 還記得流行的『楓糖大理石乳酪蛋糕』嗎？裡面的蛋糕就可以用這一個配方操作，至於楓糖布丁液跟上面那一層焦糖果凍要如何做？趕快去請教老師吧！
- 布丁餡配方：清水1500公克、大理石楓糖片1片、細砂糖100公克、果凍粉100公克。
- 咖啡凍配方：清水500公克、即溶咖啡粉15公克、細砂糖50公克、果凍粉25公克。

Marble Pound Cake

奶油大理石蛋糕

產品數據	
製作數量	500 公克（共 4 個）
預熱溫度	上火 175℃ / 下火 175℃
烤焙時間	55 ～ 60 分鐘
操作工具	水果條模 4 個

白麵糊	
白油	170 公克
酥油	170 公克
瑪琪琳	190 公克
糖粉	520 公克
全蛋	470 公克
低筋麵粉	570 公克
發粉（泡打粉）	10 公克
奶水	90 公克

巧克力麵糊	
可可粉	5 公克
100℃ 熱水	20 公克
小蘇打粉	1 公克
白麵糊	350 公克

作法

1. 白麵糊作法：準確秤料；將粉類分別過篩備用。
以糖油拌合法製作，把全部的油料（白油、酥油、瑪琪琳）以槳狀攪拌器拌至混合。

2. 加入過篩的糖粉，先以1檔打至混合，轉2檔打至絨毛狀。

3. 分3次加入蛋液打勻，加入過篩的低筋麵粉與泡打粉，打勻。

4. 奶水分3次倒入攪拌缸，拌勻。

5. 巧克力麵糊作法：可可粉、熱水拌勻稍冷卻，加入過篩小蘇打粉拌勻。

6. 挖取白麵糊與巧克力麵糊（步驟5）稍稍拌勻。

7. 麵糊混合：將巧克力麵糊倒入攪拌缸，與白麵糊分切4份，模具不需抹油，平均填入模具中，輕敲兩下震出空氣。

8. 參考【產品數據】放入預熱好的烤箱，入爐烘烤，烤焙滿55分鐘時，可用探針測試內部是否沾黏，不沾黏即代表蛋糕體熟成。

9. 出爐後脫模，倒出蛋糕靜置冷卻。

老師專區

- 蛋糕烤至35分鐘左右調爐，頂部應會稍微裂開，若無裂開可用刀、刮板劃開中間助長裂開，或蛋糕入爐前用筷子或刀沾沙拉油在麵糊上劃刀。如調爐時未自然爆裂，則可能未打發足夠。

- 材料攪打時力求均勻，並時常刮缸，若無攪拌均勻，成品容易出現白斑或顏色不均。外觀宜烤至頂部裂開處微上色，觸摸時不溼黏。

TIPS !!

◎麵糊需打發，成品高度比較漂亮，如無法目測打發程度，測量麵糊比重是最穩定的方法。

◎註1：1杯麵糊/1杯水，約等於0.85左右（含）以下。

◎註2：比重測量法為1整杯麵糊重量（公克）除以1整杯滿水重量（公克）等於0.85（含）以下。0.85為奶油大理石蛋糕最佳膨發比重。每一款蛋糕都有理想的膨發比重數值，如海綿比重為0.46等等。

◎巧克力及白麵糊拌合時，若拌合過度，當成品切開後會變成巧克力磅蛋糕。

◎材料中的油脂類可以全部用奶油取代，或是奶油（酥油）和白油各一半

學生專區

- 磅蛋糕可用糖油或粉油拌合法，兩者的產品差異性為何？

- 磅蛋糕有的配方會使用細砂糖而非糖粉，兩者的產品差異性為何？

Banana and Walnut Pound Cake

核桃香蕉磅蛋糕

產品數據

製作數量	2 條
預熱溫度	上火 165℃ / 下火 165℃
烤焙時間	45 分鐘
操作工具	2 個水果條模或長條鋁箔模

材料 A

無鹽奶油	120 公克
細砂糖	200 公克
鹽	3 公克

材料 B

中筋麵粉	120 公克
全麥粉	50 公克
小蘇打粉	3 公克
肉桂粉	3 公克
香草粉	5 公克

材料

酸奶油	120 公克	杏仁片	10 公克
香蕉泥	260 公克	全蛋	2 顆
碎核桃	40 公克		

作法

1 粉類分別過篩備用；鋼盆放入材料 A，微微打發，不需將細砂糖打到完全融解。

2 將全蛋分次加入拌勻，每次都要充分拌勻後才可再加。

3 加入材料 B 過篩後的粉類，微微拌勻即可，避免出筋。

4 加入酸奶油拌勻，加入香蕉泥拌勻。

5 加入碎核桃、杏仁片拌勻，磅蛋糕模具不需抹油，麵糊可直接倒入模具中。（圖 1）

6 參考【產品數據】放入預熱好的烤箱，入爐烘烤，烤至表面結皮、乾爽，內裏熟成即可。

7 帶上手套，輕壓蛋糕體側邊和鋁箔四邊，倒扣出蛋糕。

TIPS !!

◎細砂糖不要攪拌到溶解，否則產品容易脹發性太強，烤焙顏色也會過深。

◎香蕉要挑選熟成，且有黑色斑點的老香蕉，風味及香氣會更加濃郁。

老師專區

- 香蕉蛋糕有麵糊類（奶油磅蛋糕）乳沫類及戚風類三種作法，此方法為香蕉磅蛋糕的作法。
- 產品製作完成，可冷藏 1 天後品嚐，整體味道和材料會更融合。

學生專區

- 為何香蕉適合用來做蛋糕體，其他水果為何不行？或是有哪種水果也可以用來製作？
- 香蕉蛋糕烤焙後切開剖面會有一粒粒細微的黑點，是香蕉的何種成份呢？可以搜尋資料求答案。

Whole-Wheat Cookie

全麥餅乾

產品數據

製作數量	40片
預熱溫度	上火170℃／下火130℃
烤焙時間	20～25分鐘
分割數據	15～20公克
操作工具	打蛋器、叉子、鋼盆

材料

無鹽奶油	80公克	全麥粉	50公克
糖粉	120公克	杏仁粉	50公克
全蛋	60公克	燕麥片	25公克
低筋麵粉	125公克	核桃	50公克
小蘇打粉	2公克	杏仁角	25公克

作法

1. 粉類分別過篩備用；無鹽奶油軟化到可以攪拌的柔軟度，加入過篩後的糖粉，微微打發。
2. 全蛋打散，蛋液分次加入拌勻，每次都要充分拌勻才可再加入。
3. 加入低筋麵粉、小蘇打粉，以槳狀棒攪拌均勻。（如果是用手工打蛋器攪拌，此步驟是以軟刮板或橡皮刮刀，用切拌法拌勻，避免出筋）
4. 依序加入全麥粉、杏仁粉、燕麥片拌勻。
5. 加入核桃、杏仁角混勻，在最後一步加入可避免核桃、杏仁角在混勻的過程中變的太過細碎，失去口感。
6. 參考【產品數據】分割麵糰，把麵糰搓圓壓扁，間距相等的擺上烤盤，取叉子沾水，壓出紋路，把麵糰蓋好鬆弛 30 分鐘以上。（圖 1 ～ 2）
7. 參考【產品數據】放入預熱好的烤箱，入爐烘烤，烤至熟成即可食用。

TIPS !!

◎麵糰微微偏乾屬正常現象，不要又加大量蛋液或添加一堆手粉揉捏，容易造成口感上的差異。

◎粉類及堅果類下去拌勻其他材料時，不要過度揉捏，容易出筋使產品不酥

老師專區

- 麵糰分割整形後，可鬆弛 30 分鐘以上（須蓋好避免麵糰風乾），讓麵筋軟化，增加口感。
- 入烤箱前可在表面刷上全蛋液，增加著色外觀。

學生專區

- 此道為手工餅乾，同學們可以依據製作的餅乾大小來採購外包裝。
- 有的餅乾是將整個麵糰整形為長條狀，擦上蛋液入爐烘烤，出爐冷卻後再切片烘烤，例如義式咖啡餅，這樣作用為何？此道可以這樣操作嗎？

Almond Tuiles

杏仁瓦片

產品數據	
製作數量	40片
預熱溫度	上火160℃／下火160℃
烤焙時間	20～25分鐘
操作工具	打蛋器、鋼盆、湯匙

材料			
細砂糖	130公克	低筋麵粉	80公克
鹽	5公克	無鹽奶油	30公克
蛋白	80公克	杏仁片	200公克
全蛋	70公克		

作法

1 低筋麵粉過篩備用；將細砂糖、鹽、蛋白及全蛋拌至融化即可，不可打發。

2 無鹽奶油隔水加熱，加熱至呈現液態狀，融化即可，約 30 ～ 40℃；步驟 1 加入過篩後的低筋麵粉，用打蛋器充分拌勻。

3 加入隔水融化後的無鹽奶油拌勻，最後加入杏仁片拌勻即可。

4 靜置鬆弛 30 分鐘，在烤盤上整形，參考【產品數據】放入預熱好的烤箱，入爐烘烤，烤至淡咖啡色的酥脆狀態。（圖 1）

老師專區

- 整形成薄片最費功夫和花費時間，應力求薄片的厚薄大小要一致，否則容易產生較薄的地方烤焦、較厚的地方偏軟。
- 整形時可利用湯匙或手，沾上一點水撥開杏仁片，杏仁片要片片分離不重疊，成品才會酥脆。

TIPS !!

◎全部材料拌勻後密封，儲存於冷藏 1 天鬆弛，麵糊會更穩定，烤焙顏色會更漂亮。

◎如擔心杏仁片會泡到軟掉，可以先把麵糊拌勻後儲藏，烘焙前再拌合杏仁片即可。

學生專區

- 麵糊拌合後，是否可以將杏仁片更換成其他薄片的堅果類呢？
- 與貓舌小西餅、芝麻薄片的原理一樣，此道杏仁瓦片，薄片是否可以趁熱整形成各式形狀？
- 麵糊內是否可添加一些檸檬皮碎增加香氣？

Crème Brulee
烤布蕾

產品數據

製作數量	20～25 杯
預熱溫度	上火 150℃ / 下火 150℃
烤焙時間	35～40 分鐘
操作工具	打蛋器、大量杯、陶瓷杯或鋁箔杯（高 4 公分左右）

材料

蛋黃	250 公克
全蛋	350 公克
牛奶	800 公克
動物性鮮奶油	800 公克
細砂糖	300 公克
香草莢	1 支

裝飾

細砂糖	100 公克

1

作法

1 香草莢切開取籽備用；蛋黃與全蛋稍微打散。

2 牛奶與動物性鮮奶油、細砂糖、香草籽稍微加熱，加熱至細砂糖融解即可，約 40～50℃。

3 沖入已打散的蛋液中，過濾撈除泡沫，注入陶瓷杯或鋁箔杯。

4 烤盤加入適量冷水，放上烤布蕾，參考【產品數據】放入預熱好的烤箱，入爐烘烤，以水浴法隔水蒸烤。

5 表面撒上細砂糖，以噴槍燒出漂亮的焦糖色。（圖 1）

老師專區

- 牛奶也可以全部用動物性鮮奶油取代，吃起來乳味更濃郁，口感更滑順。（但可能會稍微膩口）
- 此道成品烘烤時間拉長，口感會類似布丁；烤焙時間縮短則會像奶酪。

TIPS !!

◎入爐烘烤前，上面的氣泡或雜質一定要撈除，產品才會漂亮。

◎產品避免用高溫烘烤過度，容易使成品膨脹，冷卻後凹陷。

學生專區

- 蛋黃與全蛋的比例調配上，是否會影響產品口感？
- 動物性鮮奶油是否可以用植物性鮮奶油取代？兩者的差異有哪些？

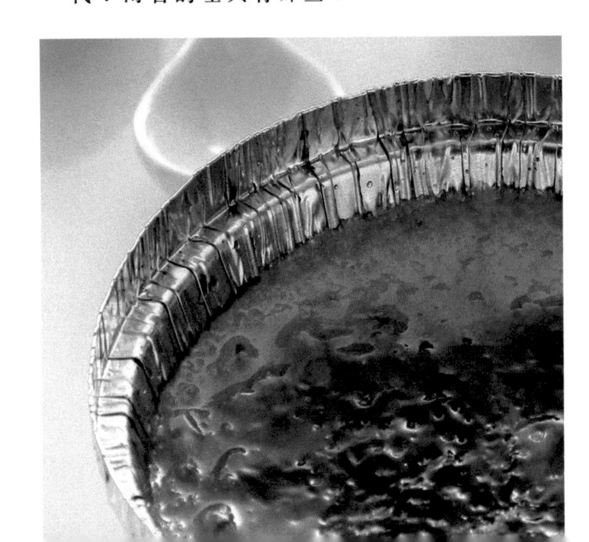

Orange Mousse

香橙慕斯

產品數據

製作數量	15～20杯
操作工具	打蛋器、湯匙、含蓋慕斯杯或含蓋布丁杯

餅乾底

無鹽奶油	150公克
起士鹹餅	220公克

表面果凍

柳橙汁	400公克
細砂糖	115公克
果凍粉（吉利T）	6公克
裝飾水果	適量

乳酪慕斯

動物膠（吉利丁片）	10公克
冷開水	60公克
軟質乳酪	220公克
細砂糖	50公克
檸檬汁	50公克
動物性鮮奶油（打發）	500公克

作法

1 餅乾底：起士鹹餅壓碎；將無鹽奶油微微打發，放入碎起士鹹餅，拌勻鋪入布丁杯底部。

2 盆子放入冷開水，把吉利丁片一片一片泡入冰水中，每一片都要確實泡到冰水，才可放入下一片；將泡軟吉利丁片的水、吉利丁片，加入軟質乳酪、細砂糖，以隔水加熱的方式拌勻，加熱至吉利丁片融解，全部材料融合在一起。

3 加入檸檬汁拌勻，靜置冷卻約 10 分鐘。最後加入打發的動物性鮮奶油拌勻，鋪入布丁杯內，冷凍 1 小時。

4 將柳橙汁、細砂糖、果凍粉煮溶後，靜置放涼，微涼後淋上凍硬之慕斯。（圖 1）

5 根據季節挑選水果，放上裝飾。

老師專區

- 鮮奶油不要打太發或太硬，表面會比較平坦好看。
- 表面果凍也可以採用柳橙或芒果的黃色果泥，比例為：果泥 250 公克、鏡面果膠 250 公克、吉利丁片 7 片，一同以小火煮開即可。（吉利丁片須先泡水軟化）

TIPS !!

◎起士鹹餅可以用蘇打餅乾或酥脆的餅乾來取代。

◎乳酪慕斯的植物性鮮奶油也可以用動物性鮮奶油取代，其中的細砂糖比例也可依據喜好口感、甜度來增減。

學生專區

- 成品杯上可以做哪些材料裝飾？
- 動物膠（吉利丁片）和果凍粉（吉利 T）在外觀、用途、口感上有哪些差異？

Walnut Cookie 桃酥

產品數據

製作數量	20 個
預熱溫度	上火 170℃ / 下火 160℃
烤焙時間	30 ～ 35 分鐘
操作工具	打蛋器、切麵刀

裝飾

蛋液	適量

材料

碳酸氫銨	2 公克	精鹽	2 公克
小蘇打粉	5 公克	全蛋	1 顆
水	1 小匙	低筋麵粉	400 公克
豬油	200 公克	發粉（泡打粉）	2 公克
綿白糖	40 公克	核桃	60 公克
細砂糖	160 公克		

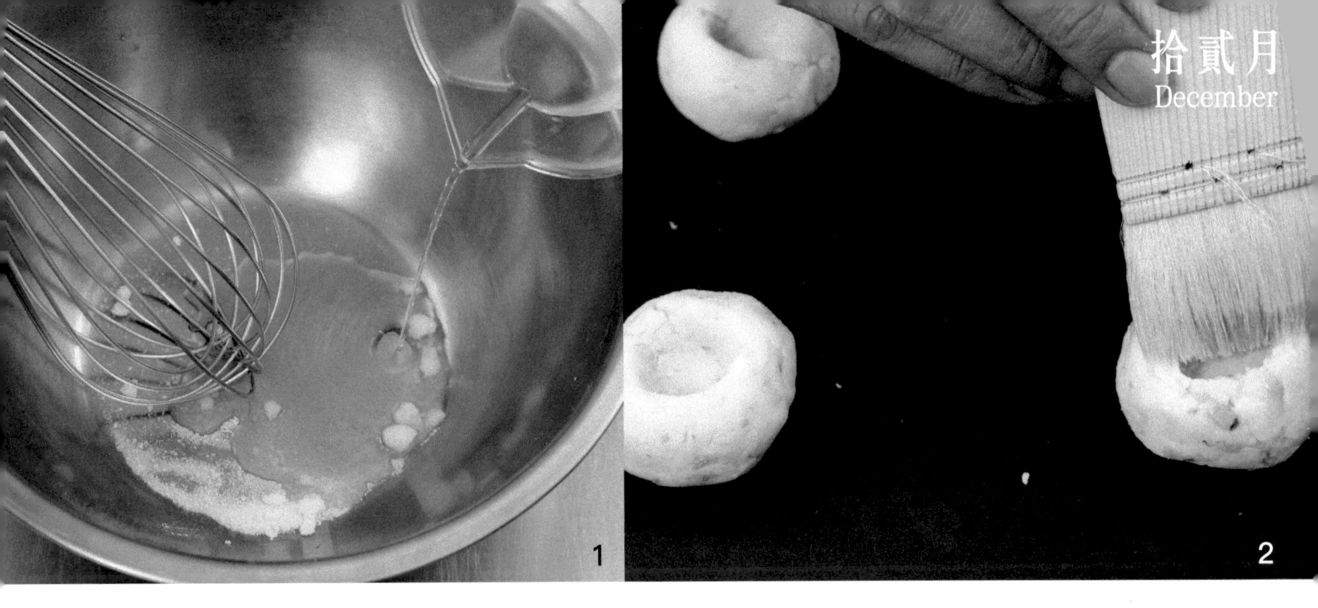

作法

1　碳酸氫銨、小蘇打粉先與水拌勻；粉類過篩備用。（圖 1）

2　豬油加入綿白糖、細砂糖、精鹽拌打均勻。

3　全蛋先打散，把蛋液與步驟 1 混勻的水分數次慢慢加入拌勻，加入過篩後的粉類，略為拌勻後，即倒入核桃拌勻。

4　量秤總麵糰重，除以 20（共做 20 個），把每個麵糰整形為圓形，表面壓一小洞，刷上蛋液裝飾。（圖 2）

5　參考【產品數據】放入預熱好的烤箱，入爐烘烤，烤到約 12 分鐘時，調頭續烤，續烤至熟，出爐即為成品。

TIPS !!

◎碳酸氫銨與小蘇打粉須先與水確實拌勻，麵糰比較好吸收，膨脹才均勻。

◎粉類加入攪拌，攪拌至無粉狀即可，避免過度攪拌，導致成品外觀無雞爪紋路。

學生專區

- 綿白糖是怎麼做成的？如果換成糖粉是否可行？
- 家中長輩吃蛋奶素，豬油是否可以換成奶油，差異性在哪裡？

老師專區

- 排盤要注意麵糰間的距離，防止距離不足，烤焙後成品相連在一起。
- 碳酸氫銨使用後要確實收好，外頭標示清楚，避免同學因為不清楚打開來聞，導致嗆到。

Pork Oil Rice Cake

豬油糕

產品數據	
預熱溫度	小火
烤焙時間	2～3分鐘
操作工具	蒸籠鍋、過篩網

材料	
熟圓糯米粉	200公克
豬油	140公克
細花生粉	120公克
糖粉	180公克

作法

1 所有材料一同用攪拌器慢速拌勻。（圖 1）

2 起一蒸籠備用；利用篩網過篩，過篩成細膩的蓬鬆狀。（圖 2）

3 分割出適量蓬鬆的糕粉，把糕粉裝入糕模內，稍稍用力壓擠成形，敲扣取出。（圖 3～4）

4 移至墊有蒸籠布的蒸籠內，用小火蒸約 2～3 分鐘，不呈鬆散狀即可，取出即為成品。

TIPS !!

◎材料要拌勻至有黏性，再用篩網過篩呈細膩、蓬鬆狀。

◎蒸時要掌握火侯、時間的控制，才能做出美觀的豬油糕，避免蒸太久導至吸水過多，糕體變形。

老師專區

- 學校沒有木製印模也可使用單印模製作，操作動作如下。（圖 5～7）

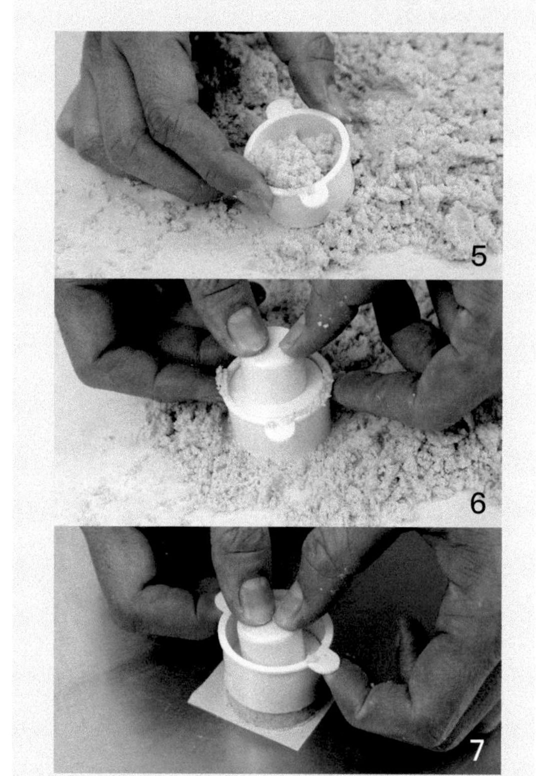

學生專區

- 花生粉能不能改成黑芝麻口味？

- 圓糯米粉可以利用小火慢慢炒熟，避免火開太大，導致底部焦黑。

Gingerbread House

薑餅屋

產品數據

預熱溫度	上火 190℃ / 下火 150℃
烤焙時間	12 ～ 15 分鐘
操作工具	薑餅屋紙模、叉子、刷子

材料

無鹽奶油	65 公克	低筋麵粉	500 公克
紅糖	190 公克	小蘇打粉	0.5 小匙
蜂蜜	190 公克	肉桂粉	0.5 小匙
牛奶	60 公克	檸檬皮碎	1 顆（適量）
薑粉	2 小匙		

蛋白霜

蛋白	100 公克
糖粉	500 公克

表面

奶水	50 公克

作法

1 無鹽奶油隔水加熱，融化備用；紅糖用果汁機打碎；粉類混合後過篩備用。

2 所有材料混合拌勻，放入塑膠袋中壓平，入冷藏鬆弛 15～20 分鐘。

3 以擀麵棍擀成均勻的薄片狀，適當撒一點手粉，利用叉子在麵糰上打洞。

4 利用紙模切出不同形狀，表面刷上奶水，參考【產品數據】放入預熱好的烤箱，入爐烘烤，烤到約 9 分鐘，著色後調頭，關掉上火續燜烤至熟。

5 蛋白霜打發放入擠花袋中；餅乾體出爐冷卻，表面以蛋白霜做裝飾，即為成品。（圖 1）

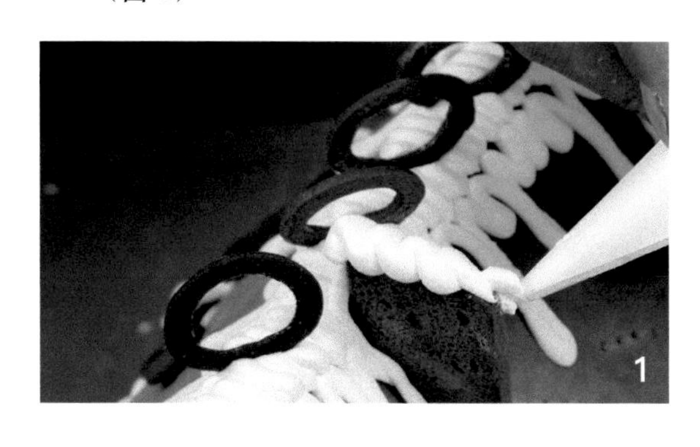

老師專區

- 紅糖可以的話，先用果汁機打碎，再過濾，將雜質去除，避免麵糰產生結粒的情況。
- 要做大量薑餅屋展示，非食用時可以把紅糖改成糖粉，奶油改成酥油，蜂蜜改成轉化糖漿，牛奶用水取代，不添加檸檬皮碎，將會節省許多成本。

TIPS !!

◎麵糰拌勻即可，不可過度攪拌，避免出筋。

◎餅乾表面可以利用蛋白糖霜或是聖誕飾品裝飾。

學生專區

- 想一下，餅乾裝飾還有哪些變化？
- 利用三角紙裝蛋白霜，或是利用三明治袋，記得套兩個，避免破掉。

Bûche de Noël

聖誕神木蛋糕卷

產品數據

製作數量	1 盤（42cm*61cm）
烤焙數據 A	上火 200℃ / 下火 140℃ 12 分鐘
烤焙數據 B	上火 160℃ / 下火 140℃ 6～10 分鐘
烤焙時間	全程約 18～22 分鐘
操作工具	西點刀、抹刀、長擀麵棍 叉子、小剪刀

蛋白

蛋白	450 公克
細砂糖	225 公克
精鹽	0.5 小匙
塔塔粉	1 小匙

裝飾

植物性鮮奶油	500 公克
咖啡醬	20 公克
杏仁膏	200 公克
藍莓	適量
黑巧克力片	適量

麵糊部分

溫水	165 公克
可可粉	40 公克
沙拉油	150 公克
低筋麵粉	200 公克
小蘇打粉	1 小匙
蛋黃	250 公克

內餡

藍莓果醬	250 公克

作法

1 烤盤鋪紙，先將白報紙對比一下烤盤尺寸，把白報紙四邊剪裁斜邊約 10 公分，將白報紙套入烤盤，並將四邊剪裁處浮貼。

2 麵糊作法:詳【老師專區】麵糊的兩種作法。

3 蛋白作法：蛋白、鹽、塔塔粉倒入攪拌缸，用 3 檔打至微微起泡後，放入細砂糖持續打發，打至濕性發泡。

4 取 1/3 蛋白與麵糊攪拌，再倒入蛋白中拌勻，避免過度攪拌，導致蛋白消泡水化。

5 把準備好的麵糊倒入烤盤中，利用軟墊板將表面抹平，輕敲兩下震出空氣。

6 參考【烤焙數據 A】放入預熱好的烤箱，入爐烘烤，12 分鐘後調頭，參考【烤焙數據 B】續烤至內裏熟成即可。

7 出爐輕敲，將蛋糕體拉到冷卻架上，把四邊白報紙往下拉冷卻。（圖 1）

8 翻面後將底紙撕除，抹上藍莓果醬捲起，切割適當長度。

9 植物性鮮奶油、咖啡醬一同打發；杏仁膏與可食用色素調配，製作成漩渦狀的年輪；蛋糕卷表面抹上一層打發的植物性鮮奶油，用叉子整形，綴以杏仁膏、藍莓、黑巧克力片，裝飾蛋糕卷，成品。

1

TIPS !!

◎麵糊部分，加入粉類拌勻即可，避免攪拌過度，造成出筋。

◎蛋糕體須完全冷卻，再整形，否則溫度太高會導致鮮奶油融化。

老師專區

- 麵糊的兩種作法：
- 作法 1：溫水加可可粉拌勻後，加沙拉油、粉類及蛋黃拌勻。
- 作法 2：低筋麵粉、可可粉、小蘇打粉一同過篩，溫水加入沙拉油略拌後倒入粉類拌勻，最後加入蛋黃拌勻。

- 烤戚風蛋糕建議烤箱拉風門，蛋糕表面比較不會凸起，維持平整。

學生專區

- 除了杏仁膏也可以使用可塑巧克力製作樹幹年輪片、聖誕樹。

- 可塑巧克力配方：
  巧克力 1000 公克
  細砂糖 60 公克
  水 50 公克
  麥芽糖 280 公克

- 1. 鍋子加入巧克力隔水融化，溫度低於 45℃。
- 2. 另取乾淨鍋子，細砂糖先加入水拌勻，再放入鍋子中煮沸，加入麥芽糖拌勻，降溫至 30℃。
- 3. 將步驟 1 融化的巧克力與糖水一同拌勻。
- 4. 倒入大理石桌子上冷卻，揉成糰狀備用，可用玉米粉當手粉。

- 備註：巧克力選用深黑巧克力、苦甜巧克力、牛奶巧克力、純白巧克力皆可。

Chinese Leek Dumpling
韭菜水餃

產品數據

火　　侯　大火
烹飪條件　加三次冷水
分割數據　皮：餡 / 10 公克：15 公克
操作工具　擀麵棍、包餡匙、撈網、鍋子

冷水麵皮

中筋麵粉	180 公克
冷水	400 公克

內餡

豬絞肉	500 公克	醬油	1 大匙
青蔥	100 公克	味精	2 小匙
老薑	40 公克	清水	50 公克
精鹽	1 大匙	韭菜	250 公克
香油	1 大匙		

作法

1. 中筋麵粉與冷水攪拌成糰，蓋上白布或保鮮膜，靜置鬆弛。
2. 青蔥切蔥花；老薑切末；韭菜切小段備用。
3. 豬絞肉與鹽摔打到有黏度（出加），加入水、調味料、青蔥跟薑末拌勻，以保鮮膜封好，冷藏備用。
4. 麵糰搓成長條狀，參考【產品數據】將麵糰分割完畢，利用擀麵棍擀成圓片狀。（圖1）
5. 韭菜段與肉餡拌勻，將內餡放入餃子皮，捏合整形。（圖2～4）
6. 起一鍋水煮沸，放入水餃，煮滾後再加冷水，把水煮滾，再加入冷水，再把水煮滾，共加入三次冷水煮沸三次，當水餃熟成浮起，皮變得比較透明時，即可盛盤，成品。

老師專區

- 學校有磨薑板，薑末可以請學生利用磨薑板研磨，留下來的薑汁一起倒入內餡攪拌。
- 韭菜也可以改成高麗菜，高麗菜切絲，先抓鹽巴去苦水並軟化組織，再與肉餡攪拌。

TIPS !!

◎擀餃子皮時，擀麵棍推進去略施力，外推不出力，可請學生多練習，或是擀成大片，利用壓模壓成圓片狀。

◎韭菜等要包水餃時再加入與肉餡拌勻，這樣可避免太早拌入，韭菜外觀發黃。

◎熟製時添加三次冷水可確認內餡完全熟透。

學生專區

- 利用周末做冷凍水餃，盤子上鋪一張保鮮膜，上頭撒上麵粉，水餃包好放上去，冷凍後再整理成袋裝；也可以去買冷凍水餃塑膠盒來儲放。
- 水餃可以包幾種造型，與老師討論後，試試不同造型變化。

Shao-Mai

燒賣

產品數據	
火候	中大火
熟製時間	10～12分鐘
分割數據	皮：餡/10公克：15公克
操作工具	擀麵棍、包餡匙、蒸籠鍋

燙麵皮	
中筋麵粉	300公克
熱水	150公克
冷水	60公克

內餡			
豬絞肉	500公克	醬油	1大匙
老薑	40公克	味精	2小匙
乾香菇	20公克	香菇水	50公克
精鹽	1大匙	青蔥	100公克
香油	1大匙		

作法

1. 中筋麵粉、熱水利用擀麵棍拌成雲片狀，再加入冷水攪拌成糰，靜置鬆弛。
2. 乾香菇泡熱水切末；青蔥切蔥花；老薑切末備用。
3. 豬絞肉與鹽捧打到有黏度（出加），加入香菇水、調味料跟薑末拌勻，以保鮮膜封好，冷藏備用。
4. 麵糰搓成長條狀，參考【產品數據】分割完畢，利用擀麵棍擀成圓片狀。
5. 蔥花與肉餡拌勻，將內餡放入燒賣皮，捏合整形成腰身狀。（圖 1～3）
6. 蒸籠鍋起一鍋水煮沸，擺入蒸餃蒸熟，即可盛盤，成品。

老師專區

- 以冷水麵、燙麵分別交叉製作水餃跟燒賣，讓學生試吃，並比較其中之差異性。
- 為了讓麵皮更光滑有韌性，配方可以多添加約 10 公克沙拉油一同攪拌。

TIPS !!

◎燙麵先將麵粉與沸水攪拌成雲片狀後再加冷水，特點是水份能吸收更多，質地較軟。

◎蒸燒賣時可以利用蒸籠布，或在底部鋪蒸籠紙，防止燒賣沾黏。

學生專區

- 四喜燒賣上頭要取哪四種食材裝飾？與老師討論後，試試不同造型變化。（圖 4～5）

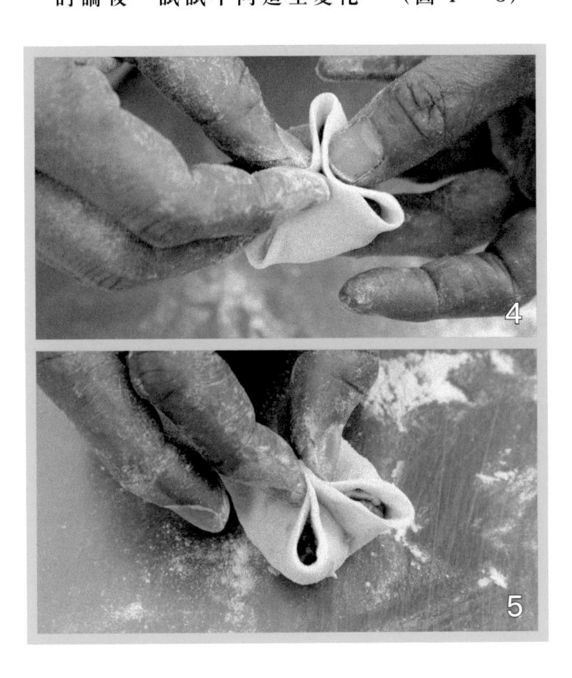

Twin Color Steamed Bun 雙色饅頭

產品數據	
火侯	中大火
熟製時間	10～12 分鐘
操作工具	擀麵棍、蒸籠鍋

材料	
清水	250 公克
乾酵母	10 公克
中筋麵粉	500 公克
細砂糖	50 公克
白油	10 公克

裝飾	
醬色	5 公克

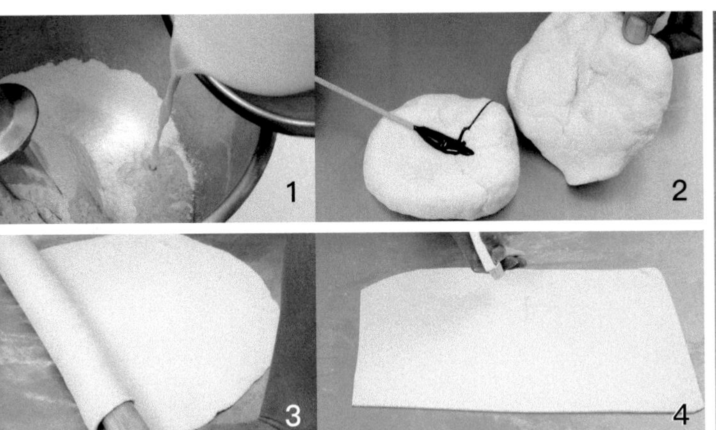
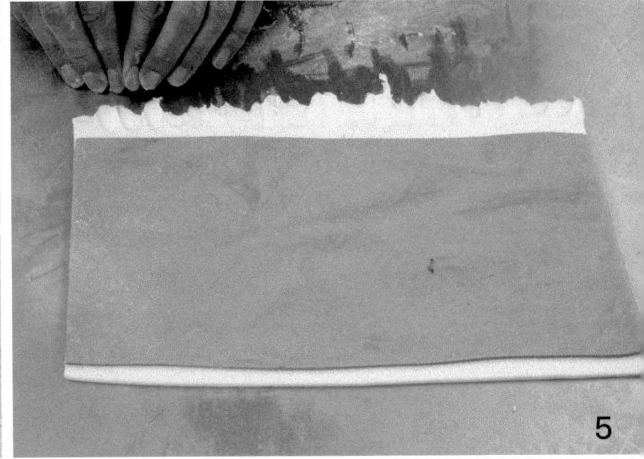

作法

1 清水先與乾酵母拌勻；將粉類倒入攪拌桶，加入酵母水攪拌。（圖 1）

2 慢速攪拌成糰，將麵糰一分為二，其中一個麵糰加入醬色攪拌均勻，調整顏色。（圖 2）

3 利用擀麵棍將兩個麵糰擀開，桌上撒粉避免沾黏，白色麵糰在下，噴水後放上焦糖色麵糰。（圖 3～4）

4 先在表面刷水，用指腹將底部稍稍拉開，順勢捲起，將麵皮捲成圓柱狀。（圖 5）

5 將麵糰分割，放入內鍋蓋上白布或保鮮膜發酵，手拿起，感覺輕輕地即完成。

6 預備蒸籠鍋，起一鍋水煮沸；擺入發酵完成的饅頭，將饅頭蒸熟，即可盛盤，成品。

老師專區

- 鍋蓋上綁上蒸籠布，可幫助吸收蒸氣，防止水蒸氣滴落，影響品質。
- 分割麵糰時要有一定的寬度，避免發酵後有頭重腳輕的情況出現，外型不佳。（圖 6～7）

TIPS !!

◎為了使饅頭更白，配方可加入 15 公克黃豆粉攪拌。

◎這個配方利用擀麵棍擀捲，如果學校有機器，水份可以減少至 230 公克左右，透過機器壓延，組織會更細緻。

學生專區

- 分割麵糰後底部墊紙，入蒸籠排列整齊，防止發酵後相黏在一起。
- 天然顏色該如何調色？選用抹茶粉、可可粉、竹碳粉……如何變化？趕快跟老師討論研究。

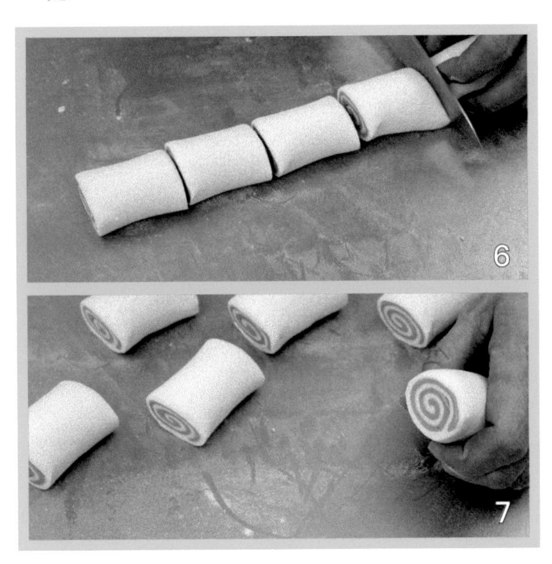

蟹殼黃 Spring Onion -Stuffed Sesame Pastry

產品數據

製作數量	24 個
烤焙溫度	上火 200℃ / 下火 200℃
烤焙時間	18 ～ 22 分鐘
發酵時間	15 分鐘
分割數據	油皮：油酥：內餡 30 公克：15 公克：30 公克
操作工具	平烤盤 1 盤（42cm*61cm） 切麵刀、擀麵棍、毛刷

發酵麵皮

中筋麵粉	400 公克
糖粉	1 大匙
精鹽	1 小匙
豬油	80 公克
乾酵母	2 小匙
水	240 公克

油酥

豬油	120 公克
低筋麵粉	240 公克

內餡

蔥花	500 公克
豬油	20 公克
味精	1 小匙
細砂糖	2 大匙
精鹽	1 大匙
白胡椒粉	1 大匙
中筋麵粉	1 大匙

裝飾

糖水	60 公克
白芝麻	100 公克

作法

1 粉類分別過篩備用。

2 發酵麵皮：所有材料一同用攪拌器拌成糰，拌至表面沒有乾酵母顆粒，蓋上塑膠袋靜置鬆弛。（圖 1）

3 油酥作法：低筋麵粉與豬油利用攪拌器略拌成糰，取出用手掌壓拌均勻。

4 內餡作法：蔥花與所有材料、調味料拌勻。（圖 2 ～ 3）

5 分割：參考【產品數據】將油酥油皮分割滾圓，備用。

6 整形：油皮包油酥，擀捲二次，包入內餡，參考【產品數據】常溫放置發酵。（圖 4 ～ 5）
入爐烘烤前於表面刷上糖水（糖 1：水 2），沾上裝飾用白芝麻。（圖 6 ～ 7）

7 著色調頭，關火續燜至表面呈現金黃色，出爐，成品。

老師專區

- 發酵麵皮（油皮）分割，單個重乘以五，捲成條狀，平均分割。（圖 8 ～ 10）
- 油酥分割，單個重乘以五，搓成條狀，平均分割。（圖 11 ～ 12）

TIPS !!

◎內餡抓點豬油可以延緩青蔥抓上調味料的出水狀況。

學生專區

- 發酵麵皮（油皮）包油酥示意圖。
- 油酥放在麵皮上，上下對折後扭轉，收口順勢捏一點小麵糰，避免開口；剩下小麵糰依序放在下一個麵皮持續動作，最後一個就黏上去。（圖 13 ～ 15）
- 分割五個距離丈量容易大小，可以分割四個或是六個，對半比較容易分割，分割方式沒有對錯，依個人習慣為主。

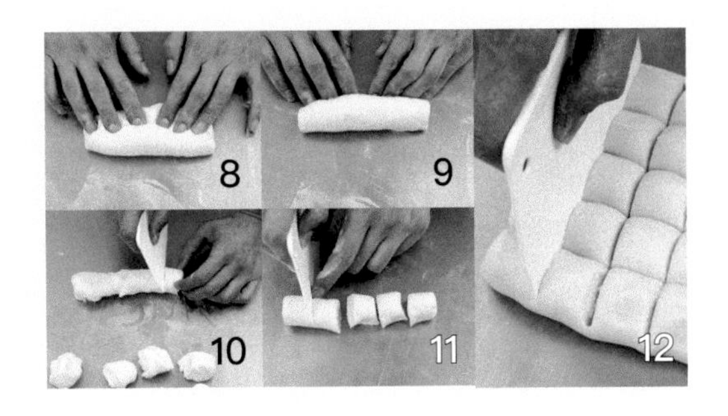

Fried White Radish Patty

蘿蔔糕

產品數據

製作數量	5 條
火候	中大火
熟製時間	10～12 分鐘
操作工具	刨絲器、打蛋器、蒸籠鍋

材料

白蘿蔔	750～800 公克	精鹽	1.5 大匙
清水	1000 公克	味精	1 大匙
在來米粉	500 公克	香油	2 大匙
細砂糖	3 大匙	白胡椒粉	1 大匙

作法

1 白蘿蔔洗淨去皮，利用刨絲器刨絲；在來米粉、清水及調味料，一同攪拌均勻，靜置鬆弛。

2 起油鍋放入白蘿蔔絲，將蘿蔔絲炒香。

3 把炒香的蘿蔔絲放入粉漿內，小火拌煮至稍稍糊化，成稀糊狀即可。

4 模型內先抹層油，倒入糊化後的粉漿，用中大火蒸至完全熟透，成品。（圖 1）

老師專區

- 可以用豬油爆香紅蔥頭、香菇、蝦米等，加入粉漿一同糊化，製作鹹味蘿蔔糕。
- 蘿蔔糕切片，小火慢煎至表面呈現金黃色，特別香；在切蘿蔔糕前，刀具上可先抹點油脂防沾黏。
- 廣式作法會在配方中加入澄粉，切片後外觀會較為堅挺漂亮。

TIPS !!

◎錫箔鋁盒裡面抹點油脂，成品比較好倒扣脫模。

◎粉漿略糊化即可，過度糊化填模不容易抹平，成品組織容易有空洞。

學生專區

- 如果訓練刀工，蘿蔔絲可用片刀切成片狀再切成絲，多一次練習刀功機會。
- 冬天盛產蒜，蒜白部分切碎抓鹽略醃，再倒醬油，依個人喜好添加辣椒醬，就是好吃的沾醬。

Mixed Salty Congee

綜合鹹粥

產品數據

火侯	中小火
熟製時間	80～90 分鐘
操作工具	湯鍋、片刀、打蛋器

材料

白米飯	200 公克
大骨高湯	1000 公克
精鹽	1 大匙
味精	0.5 小匙
薑絲	10 公克
米酒	1 大匙

配料

蝦仁	80 公克
花枝	1 支
腐竹	1 片
乾香菇	4 朵

裝飾

芹菜（蔥花）	20 公克

作法

1 蝦仁去腸泥；花枝切花；分別加入白胡椒粉及米酒略醃；乾香菇及腐竹泡水改刀。

2 準備一鍋滾水，汆燙蝦仁與花枝備用。

3 白米飯加入大骨高湯煮滾，不時攪拌避免沉底燒焦，放入精鹽、味精、米酒並調節粥的濃稠度。

4 加入香菇、腐竹、薑絲、汆燙好的海鮮料，起鍋前入芹菜末或蔥花略煮，熄火盛盤，成品。（圖 1）

老師專區

- 腐竹泡水後改刀，先捲起再切割（圖 5 ～ 7）

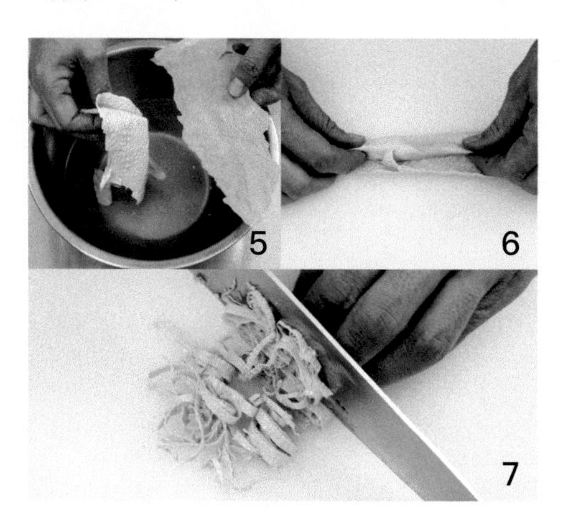

TIPS !!

◎大骨高湯：大骨與水用一比八的比例量來熬製。將大骨先以沸水汆燙後，再以冷水沖洗淨，放入鍋內與水混合熬煮。

◎粥的米飯要呈現糊爛，不見完整米粒狀態，除了花時間慢火熬煮外，也可以拿打蛋器略為攪拌。（圖 2 ～ 4）

學生專區

- 也可以直接用白米熬煮粥底，小火熬煮，底部放一根小湯匙，降低熬煮時溢出的情況。

- 不熬大骨湯，配料加點豬肉絲跟蛤蜊就很鮮甜。

Brown Sugar Cake

黑糖糕

產品數據

製作數量	5條
火候	小火、中大火
熟製時間	25～30分鐘
操作工具	蒸籠鍋

材料

黑糖	350公克
清水	650公克
樹薯澱粉	60公克
低筋麵粉	400公克
發粉（泡打粉）	25公克

裝飾

熟白芝麻	10公克

作法

1. 黑糖與清水加熱後過濾雜質，加入樹薯澱粉煮沸至稠狀，降溫冷卻；低筋麵粉與泡打過篩備用。（圖 1）

2. 起一蒸鍋備用；把冷卻的黑糖樹薯粉漿，加入低筋麵粉、泡打粉拌勻。

3. 模型內均勻倒入黑糖糕粉漿，用中大火蒸至完全熟透，出爐前撒上熟白芝麻，成品。（圖 2）

TIPS !!

◎紅糖水如果溫度很高，要先降溫再拌樹薯粉，糖水的溫度太高放入樹薯粉攪拌會嚴重結粒，理想的拌入溫度大約在 40℃以下。

◎蒸製時，先用小火蒸 15 分鐘，再轉中火蒸 10 分鐘，一開始就直接以大的火力熟製，會讓表面容易形成大龜裂。

老師專區

- 麵糊攪拌過程很短，所以要先煮蒸籠鍋的水，避免拌好的麵糊在等水滾的過程中消泡。

- 熟白芝麻可購買成品，如果是生白芝麻，取一乾淨炒鍋，用小火慢慢炒至金黃色，或是用烤箱，以上下火 150℃烤成金黃色。

學生專區

- 家中的二砂糖跟配方中的紅糖差別在哪裡？為甚麼紅糖中那麼多雜質，不會溶解？

- 吃起來口感跟澎湖黑糖糕是否一樣？

Eight Treasure Congee

八寶粥

產品數據

火候	大火、小火
熟製時間	80～90 分鐘
操作工具	湯鍋、剪刀

材料

清水	4000 公克	麥片	45 公克
圓糯米	130 公克	桂圓肉	30 公克
紅豆	20 公克	紅棗	15 公克
綠豆	20 公克	糖水花生	30 公克
薏仁	25 公克	二砂糖	200 公克

作法

1. 圓糯米洗淨，泡水約60分鐘；紅棗去核仁。
   紅豆、綠豆、薏仁、紅棗分別洗淨泡水，泡約60分鐘。

2. 鍋子加入清水煮沸，加入紅豆、綠豆、薏仁煮軟，再加入圓糯米、麥片熬煮至米熟爛、湯汁黏稠。

3. 放入桂圓肉，糖水花生、紅棗續煮，最後加入二砂糖調整甜度。
   熄火盛盤，成品。

TIPS !!

◎圓糯米、紅豆、綠豆、薏仁可先以熱水浸泡，可有效縮短煮製的時間。

◎熬煮八寶粥，火侯採大火先煮沸，再改以小火慢熬。

老師專區

- 熬煮時，叮嚀學生要定時攪拌，避免底部黏鍋。

- 底部黏鍋時，不要再攪拌，整鍋倒入新的湯鍋熬煮，底部燒焦物不要刮除，泡水軟化再洗。

學生專區

- 花生、綠豆、紅豆，可以採買罐頭，縮短熬煮時間；麥片取長輩早上在沖泡的即可。

- 冬天喝熱的，夏天八寶粥完全冷卻後放冰箱冷藏，也很棒；快速冷卻，取一大鋼盆裝冰塊水，隔冰水降溫，溫度上升後再換冰水。

Club Sandwich

總匯三明治

產品數據

製作數量　8份
操作工具　刀具、砧板、鋸齒刀（麵包刀）

材料A

材料	份量	材料	份量
白吐司	6片	培根	8片
沙拉醬	120公克	雞蛋	2顆
熟雞胸肉	300公克	牛番茄	1顆
結球萵苣	200公克		

作法

1 鍋子加入沙拉油熱鍋，將雞蛋、培根分別煎熟備用，將煎熟的培根切段；從包裝袋中取出熟雞胸肉。

2 結球萵苣剝開，以活水洗淨；牛番茄洗淨切片；白吐司以小烤箱烤約 3～4 分鐘，烤至金黃，塗上沙拉醬。

3 第 1 片吐司放上熟雞胸肉、培根；第 2 片吐司放上結球萵苣、牛番茄片、蛋片，最後蓋上第 3 片吐司，共 3 層。

4 手掌輕輕固定住三明治，切去吐司邊，斜角對開成 4 等份。

TIPS !!

◎可搭配炸薯條食用，更添豐富感。

◎最後在切割三明治時，可在吐司四邊插上竹籤，穩定三明治內餡，有助於切割。

老師專區

- 養生的食用者會傾向以雜糧吐司取代白吐司。
- 美式餐廳也有以漢堡麵包做為外層麵包等造型。

學生專區

- 產品的材料都可以做替換搭配，例如雞肉可換豬肉片，內餡的醬料等，同學們不妨想想，還可以有哪些創意的作法？

Garlic Toast Stick

香蒜吐司條

產品數據

製作數量	4～6 條
預熱溫度	上火 170℃ / 下火 170℃
烤焙時間	12～15 分鐘
操作工具	刀具、砧板、打蛋器

材料 A

12 兩吐司	1 條	鹽	少許
蒜頭	70 公克	九層塔（或巴西利碎）	適量
無鹽奶油	140 公克		

作法

1. 蒜頭去頭尾剝皮，全部切碎；九層塔切碎；無鹽奶油於室溫下放軟，加入蒜碎、鹽、九層塔（或巴西利葉碎），混合均勻備用。

2. 12 兩吐司切去吐司邊，約可以切成 4～6 條。吐司均勻抹上步驟 1 香蒜醬。

3. 參考【產品數據】放入預熱好的烤箱，入爐烘烤，烤至金黃飄香即可。

TIPS !!

◎也可在材料中添加適量起司粉，增加香氣。

◎如果採用新鮮的巴西利葉，切碎前須將沖洗時留下的水份擦乾，切碎後最好再以紙巾把水份壓乾，避免水份影響到吐司。

老師專區

- 不同的吐司厚度會影響產品造型，也會讓產品擁有不同口感。

- 巴西利葉可彈性選用乾燥香料或新鮮切碎兩種。

學生專區

- 同學們可以討論看看，除了基本的製作方式外，還有哪些創意新吃法？

- 若將吐司換掉，還可以用什麼取代？又會有什麼新造型？

Twin Color Cookie

雙色冰箱小西餅

產品數據	
製作數量	40片
預熱溫度	上火 190℃ / 下火 160℃
烤焙時間	15～25 分鐘
操作工具	擀麵棍、打蛋器、橡皮刮刀 刀具或硬刮板

原味麵糰	
無鹽奶油	90 公克
糖粉	60 公克
鹽	1 公克
全蛋	50 公克
低筋麵粉	180 公克

可可麵糰	
無鹽奶油	90 公克
糖粉	60 公克
鹽	1 公克
全蛋	55 公克
低筋麵粉	140 公克
可可粉	45 公克

作法

1 原味麵糰：將無鹽奶油、過篩後的糖粉、鹽一同拌至乳白狀，分次加入全蛋拌勻。

2 加入過篩低筋麵粉拌勻，整形成厚 1.3cm 方形，放入冰箱冷凍 30 分鐘定型。

3 可可麵糰：將無鹽奶油、過篩後的糖粉、鹽一同拌至乳白狀，分次加入全蛋拌勻。

4 加入過篩低筋麵粉、過篩可可粉拌勻，整形成厚 1.3cm 方形，放入冰箱冷凍 30 分鐘定型。

5 組合：取出冷凍後的兩種麵糰，將可可麵糰揉成圓柱形，原味麵糰擀開，噴上適量的水，包入可可麵糰，稍微冷藏，冰硬後切片。

6 餅乾片放入不沾烤盤，注意要間距相等，大小一致，參考【產品數據】放入預熱好的烤箱，入爐烘烤，烤至餅乾酥脆硬實或顏色呈現微淡的金黃色即可。

TIPS !!

◎兩種麵糰相疊時，可噴水（或蛋白）增加黏著力。

◎整形好的麵糰務必冰硬再切割，否則容易變形。

◎擀壓麵糰時，厚薄度應力求一致，切割出來的餅乾造型才漂亮。

學生專區

- 餅乾的造型可以很多樣，同學們可以想想還能有哪些變化？

- 除了添加巧克力可形成黑色麵糰，還能添加哪些天然食材做出外觀上的變化呢？

老師專區

- 無鹽奶油可事先於室溫下放軟備用。

- 糖粉、無鹽奶油兩者不需過度攪拌，其餘材料需充分拌勻。

- 兩種麵糰也可以各切 3 長條（約 4 公分寬），用塑膠袋分別包好，入冷凍至少半小時，取出，分別把兩種麵糰分切成 3 長條，不同顏色的麵糰交叉組裝成九格棋格造型，交會的面都要刷上水或蛋白增加黏著力，最後以塑膠袋包好，入冷藏冰硬，切厚度約 0.6 公分，排盤烘烤。

Sugar Frosted Cookie

糖霜餅乾

產品數據

製作數量	30片
預熱溫度	上火 210℃ / 下火 150℃
烤焙時間	20～22分鐘
操作工具	餅乾壓模數個、打蛋器、鋼盆 烤盤、擀麵棍、橡皮刮刀

餅乾麵糊

白油	60公克
無鹽奶油	75公克
香草粉	1公克
鹽	1公克
細砂糖	120公克
全蛋	50公克
牛奶	50公克
低筋麵粉	300公克

糖霜

水	70公克
西點轉化糖漿	40公克
細砂糖	200公克

作法

1 無鹽奶油、白油一同打軟，加入香草粉、鹽、細砂糖慢速拌勻。（圖 1）

2 分次加入全蛋拌勻，再加入牛奶拌勻。

3 加入過篩後低筋麵粉，以刮刀拌勻，鋪上烤盤冷藏 1 ～ 2 小時。

4 以擀麵棍擀至厚薄一致，用模具壓出形狀。（如果有準備用不同的模具製作，建議分盤烤，避免熟成時間不一，成色不均；圖 2 ～ 3）

5 餅乾片放入不沾烤盤，注意間距要相等，參考【產品數據】放入預熱好的烤箱，入爐烘烤，烤至淡咖啡色即可。

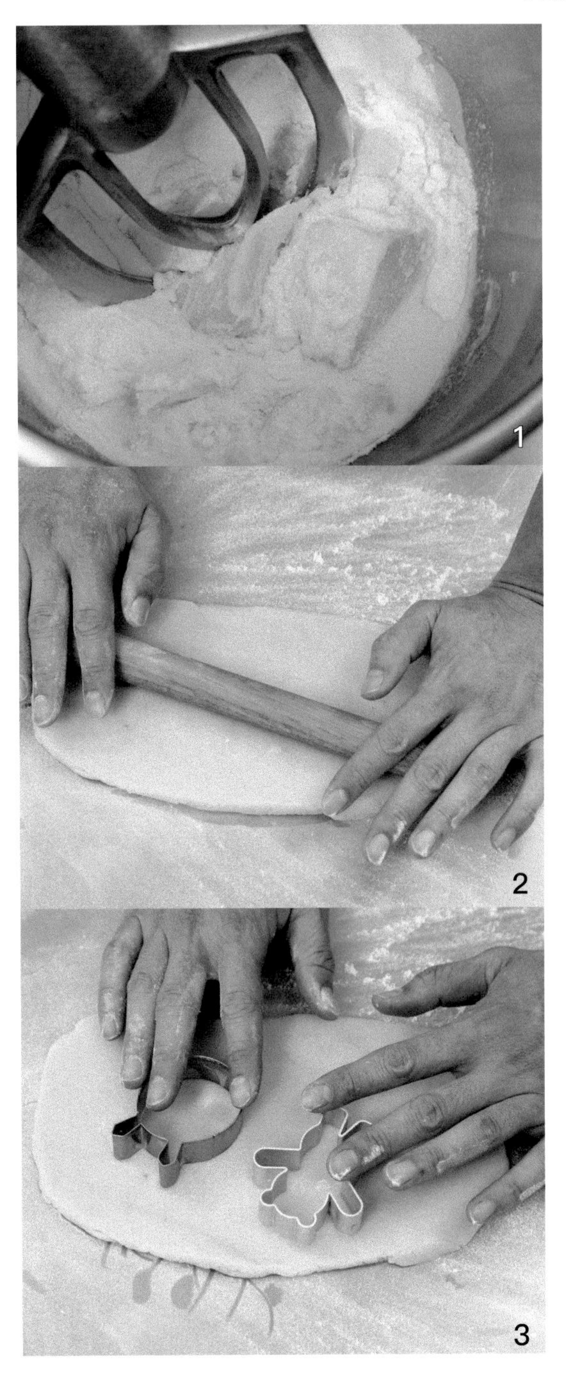

1
2
3

老師專區

- 糖霜作法：所有材料一起加熱到沸騰後關火，用擀麵棍以畫圓的方式攪拌，攪拌完成時會變成白色，備用。
- 糖霜接觸到空氣容易乾硬，若無立即使用，需完整密封保存，使用前再攪拌均勻即可。
- 檸檬汁可穩定糖霜，也具有殺菌功效，若使用生蛋白製作糖霜，建議滴入兩滴檸檬汁。
- 若無轉化糖漿，也可用「蛋白 30 公克、糖粉 180 公克」拌勻製作。

學生專區

- 餅乾材料中還能添加哪些食材來增加風味？
- 同學可發揮創意，用糖霜畫出各種可愛的造型餅乾。

TIPS !!

◎奶油可事先於室溫下放軟備用。

◎餅乾材料需充分拌勻，使色澤一致、材料達到均質。

Black Forest Cake

黑森林蛋糕

產品數據

製作數量	8 吋 *4 個
烤焙數據 A	上火 200℃ / 下火 140℃，15 分鐘
烤焙數據 B	上火 160℃ / 下火 140℃，20 ～ 25 分鐘
烤焙時間	全程約 35 ～ 40 分鐘
操作工具	西點刀、抹刀、轉台

蛋白

蛋白	500 公克
細砂糖	250 公克
精鹽	0.5 小匙
塔塔粉	1 小匙

裝飾

植物鮮奶油	1 公斤
時令水果	適量
巧克力片	適量

麵糊

溫水	170 公克
可可粉	40 公克
沙拉油	150 公克
低筋麵粉	225 公克
小蘇打粉	1 小匙
蛋黃	250 公克

作法

1 麵糊作法：粉類過篩備用，依序拌勻。

2 蛋白作法：材料一同打發，打至濕性接近乾性起泡即可。

3 取部份蛋白與麵糊攪拌，再倒入蛋白中拌勻，避免過度攪拌，導致蛋白消泡水化。

4 麵糊倒入模具中，利用手指將麵糊輕敲，將氣泡震出，參考【烤焙數據 A】放入預熱好的烤箱，入爐烘烤，烤 15 分鐘後，參考【烤焙數據 B】調整溫度，續烤至蛋糕熟成即可。

5 出爐輕敲，倒扣冷卻架上；打發植物鮮奶油，取適量放入擠花袋中。

6 蛋糕體一開三，抹上內餡。（內餡可自由搭配；圖 1）

7 蛋糕表面抹上一層打發鮮奶油，利用轉台與抹刀整形蛋糕體，再用三角板把側邊紋路刮出，擠上打發的動物性鮮奶油，表面用巧克力片、水果等裝飾，成品。（圖 2 ～ 5）

老師專區

- 鮮奶油分動物跟植物性鮮奶油，有擠花大部分選用植物性鮮奶油，比較好操作。
- 夏天時，打發鮮奶油底部墊一盆冰塊，保持鮮奶油品質。

學生專區

- 抹蛋糕時，一定要先確認蛋糕是否位在轉台正中央，這樣才抹的圓。
- 抹面鮮奶油，有蛋糕屑屑，一定要用另一個鋼盆刮除，不然蛋糕抹面不會平滑。

TIPS !!

◎刮巧克力片，如果夏天巧克力磚先放冷藏冰一下，刮出來巧克力片比較薄，可利用圓形壓模、湯匙或挖球器輔助。（圖 6）

◎打鮮奶油可以加一點蘭姆酒或是白蘭地提味，1 罐約加 1 大匙，一同打發。

Chocolate Slice

巧克力片

產品數據

操作工具　手套、鍋子、湯匙、抹刀、不沾烤盤布、牙籤、擠花袋

材料

黑巧克力　適量

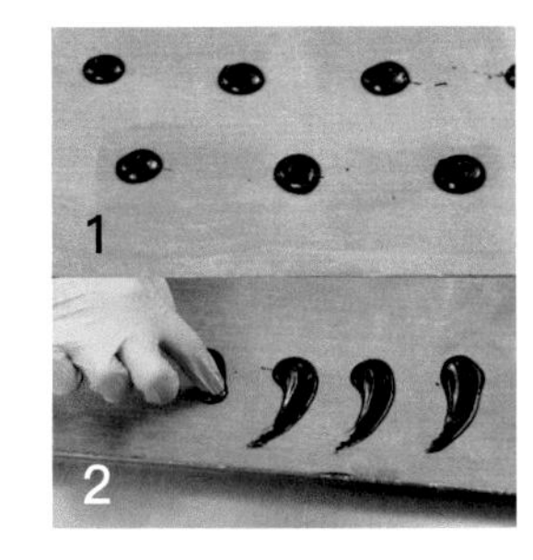

花樣 1：流星

1 將黑巧克力隔水加熱，融化至液態即可；盤子鋪上不沾烤盤布備用。

2 融化的黑巧克力裝入擠花袋中，利用三角紙擠一小點或用湯匙舀，於不沾烤盤布上做出圓形，戴上手套，手指從黑巧克力中心點快速劃出，讓巧克力形成美麗的長尾狀。(也可以用湯匙背面順勢拉出；圖 1～2)

3 成品放入冰箱，冷藏或冷凍，靜置凝固即可。

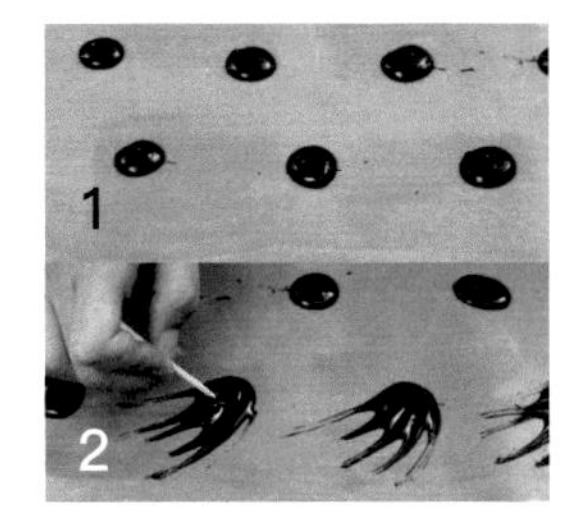

花樣 2：放射片

1 將黑巧克力隔水加熱，融化至液態即可；盤子鋪上不沾烤盤布備用。

2 融化的黑巧克力裝入擠花袋中，於不沾烤盤布上擠出圓形，用牙籤快速往外劃出，讓巧克力形成極細的尾狀。（圖 1～2）

3 成品放入冰箱，冷藏或冷凍，靜置凝固即可。

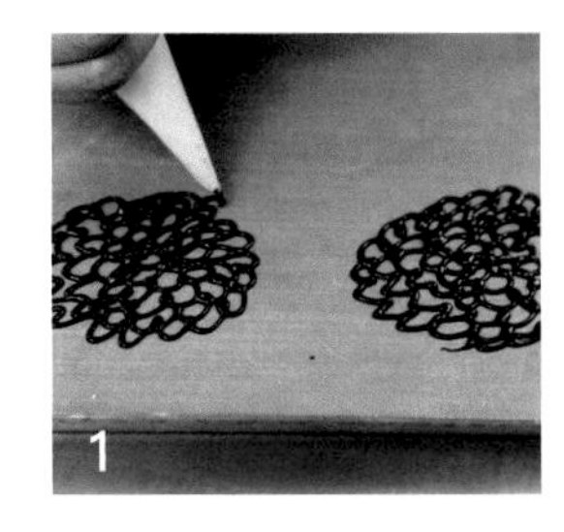

花樣 3：網片

1 將黑巧克力隔水加熱，融化至液態即可；盤子鋪上不沾烤盤布備用。

2 融化的黑巧克力裝入擠花袋中，以相同的力道施力，慢慢擠出花形。（圖 1）

3 成品放入冰箱，冷藏或冷凍，靜置凝固即可。

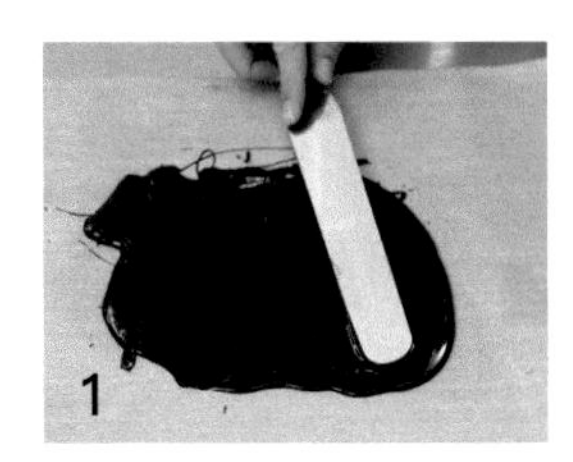

花樣 4：巧克力片

1 將黑巧克力隔水加熱，融化至液態即可；盤子鋪上不沾烤盤布備用。

2 融化的黑巧克力倒在不沾烤盤布上，以抹刀刮平。（圖 1）

3 成品放入冰箱，冷藏或冷凍，靜置凝固即可。

Finanicer

費南雪

產品數據

製作數量 20片
預熱溫度 上火200℃ / 下火160℃
烤焙時間 20分鐘
操作工具 費南雪模具、擠花袋（有無擠花嘴皆可）

材料

杏仁膏	210公克	低筋麵粉	110公克
細砂糖	105公克	無鹽奶油	210公克
蛋白	160公克		

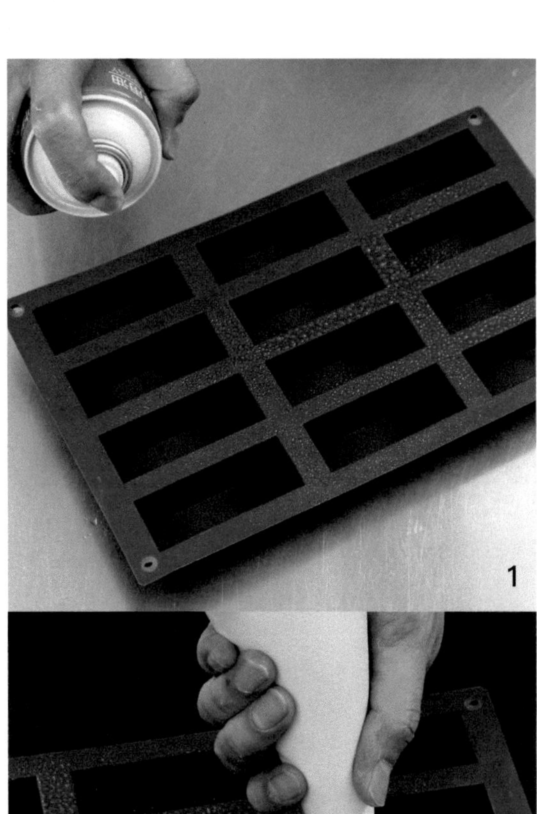

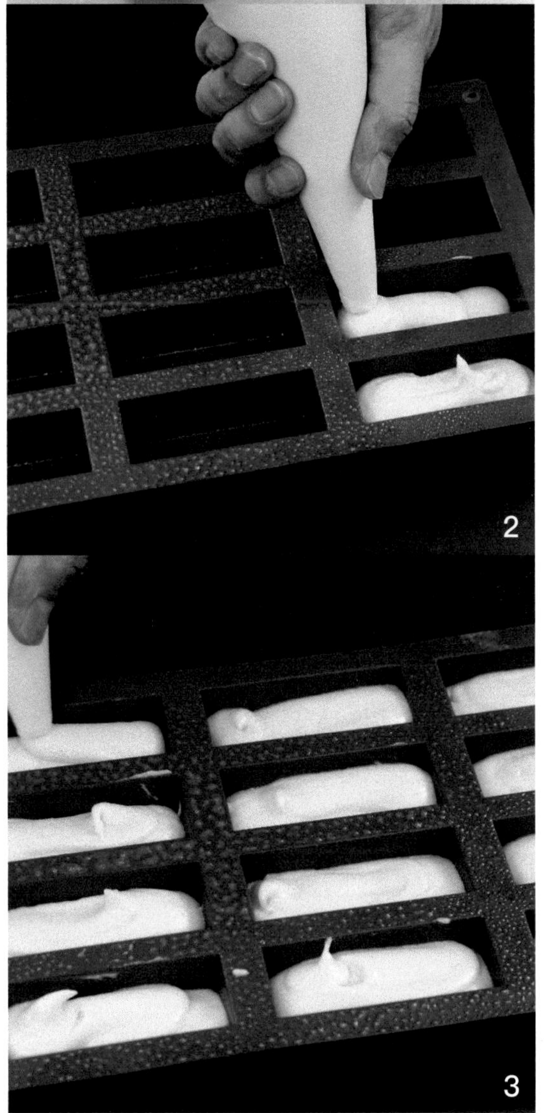

作法

1 費南雪模具均勻噴上烤盤油備用。（圖 1）

2 杏仁膏加入細砂糖及 30 公克蛋白，拌至膏狀。

3 130 公克蛋白隔水加溫，與過篩低筋麵粉交替，分次拌入。

4 無鹽奶油軟化後分次拌入，靜置 2 小時。

5 麵糊放入擠花袋中，擠入費南雪模具。（圖 2 ～ 3）

6 參考【產品數據】放入預熱好的烤箱，入爐烘烤，烤至金黃色或淡咖啡色即可。

TIPS !!

◎烤焙前可在麵糊表面鋪上 30 公克杏仁片一起烘烤，更添風味及造型。

◎如果無杏仁膏或採購不易，可直接用杏仁粉 75 公克、水 45 公克、糖粉 90 公克攪拌均勻取代製作。

老師專區

- 若無烤盤油可操作，可直接以奶油均勻塗抹於烤模上。
- 無擠花袋也無妨，可直接用湯匙挖入模型。
- 麵糊填模時，填入約 9 分滿即可，太滿烤焙時容易溢出。

學生專區

- 費南雪又被稱為「金磚」，是法國相當具代表性的甜點之一，其典故從何而來？

Cheese Cake

乳酪蛋糕

產品數據

製作數量	2個
烤焙數據A	上火210℃/下火150℃，12～15分鐘
烤焙數據B	上火160℃/下火140℃，30分鐘
操作工具	8吋慕斯框、打蛋器、橡皮刮刀 軟墊板

餅乾底

餅乾碎	200公克
融化奶油	80公克

蘭姆葡萄

蘭姆酒	1大匙
葡萄乾	50公克

乳酪麵糊

奶油乳酪	850公克
糖粉	90公克
細砂糖	90公克
全蛋	150公克
蛋黃	75公克
玉米粉	30公克
檸檬	1顆
香草精	1/2小匙
動物性鮮奶油	75公克

作法

1 模型框內側抹油拍糖（配方外）；蘭姆酒與葡萄乾混勻；全蛋與蛋黃拌均勻，備用；檸檬擠汁（可以先削出檸檬皮碎，再擠）。

2 餅乾底材料拌勻，平均分模，壓緊實，上面平均撒上蘭姆葡萄乾（可先放冰箱，定型）。（圖 1 ～ 2）

3 麵糊部分依序拌勻，把奶油乳酪、過篩糖粉與細砂糖拌勻，全蛋液分數次慢慢加入麵糊中攪拌。

4 倒入玉米粉、檸檬汁及香草精拌勻，後加入動物性鮮奶油拌勻。

5 麵糊平均填模，把表面稍稍抹平。

6 採水浴法烘烤，參考【烤焙數據 A】放入預熱好的烤箱，入爐烘烤，烤約 15 分鐘表面會上色定型，著色後調頭，參考【烤焙數據 B】續烤，開風門，續烤至熟。

7 出爐，稍冷卻後再脫模（約 4 ～ 6 分鐘），確定蛋糕四周都與模具邊分離再脫模，成品。

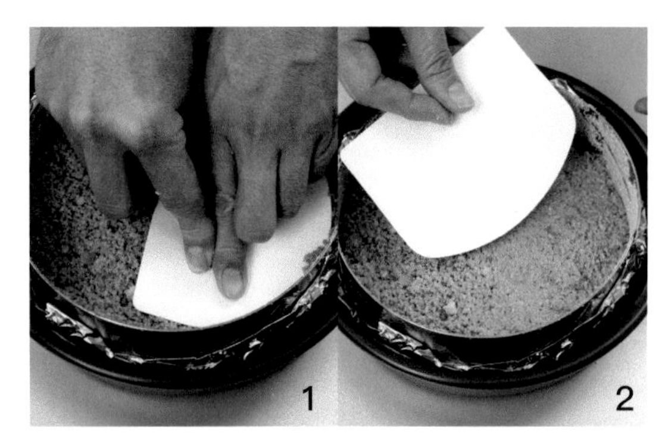

TIPS !!

◎全蛋液分數次慢慢加入麵糊中攪拌，中途須停機，利用橡皮刮刀刮鋼底，避免結粒。

◎模具抹油建議用海綿，不建議用毛刷，因為毛刷掉毛機會很大。

◎建議麵糊攪拌好，先靜置約 30 分鐘，待消泡後，再填模。（圖 3）

老師專區

- 餅乾底，原則上餅乾碎加油，混至手能捏成糰即可。（圖 4 ～ 5）
- 冬天天氣冷，乳酪可以先微波軟化，或是用噴燈加熱軟化，避免結粒。（圖 6）

學生專區

- 加蛋液，可以用軟墊板輔助，一邊攪拌一邊順順加入。（圖 7）
- 蘭姆葡萄乾，也可以換成喜歡的果醬。（圖 8）

Red Bean Bun
紅豆甜麵包

產品數據

製作數量	24 個
預熱溫度	上火 200℃ / 下火 200℃
烤焙時間	約 12 ～ 15 分鐘
分割數據	60 公克 /1 個
基本發酵	溫度 28℃，濕度 75%，60 分鐘
中間發酵	溫度 28℃，濕度 75%，10 分鐘
最後發酵	溫度 38℃，濕度 85%，50 分鐘
操作工具	包餡匙、擀麵棍

麵糰 A

細砂糖	150 公克
鹽	10 公克

麵糰 B

全蛋	100 公克
水	360 公克

麵糰 C

高筋麵粉	650 公克
低筋麵粉	160 公克
奶粉	50 公克
改良劑	5 公克
快速酵母粉	10 公克

麵糰 D

無鹽奶油	65 公克

內餡

紅豆餡	720 公克

裝飾

黑芝麻（或白芝麻）	適量
水（或蛋液）	適量

作法

1 材料分別秤重。

2 攪拌缸加入麵糰材料 A、B、C，放置時須注意鹽與快速酵母粉必須避開放在同一處，將材料一同攪拌成光滑麵糰（擴展階段）後，再加入材料 D 攪拌均勻，攪拌至完全擴展，麵糰可拉出薄膜。

3 麵糰以摺疊方式收整成圓糰，放入鋼盆中，蓋上白布或保鮮膜，參考【產品數據】進行基本發酵。

4 參考【產品數據】分割麵糰，滾圓後排入盤中，放置時須稍有間距，避免麵糰因發酵膨脹黏在一起。（圖 1 ～ 2）

5 蓋上白布或保鮮膜，參考【產品數據】進行中間發酵。

6 擀開麵糰整形包餡，每個麵糰包入約 30 公克紅豆餡，排盤。（圖 3 ～ 6）

7 蓋上白布或保鮮膜，參考【產品數據】進行最後發酵。

8 噴上適量的水（或擦上蛋液），放上黑芝麻點綴。（圖 7）

9 參考【產品數據】放入預熱好的烤箱，入爐烘烤，出爐，靜置冷卻。

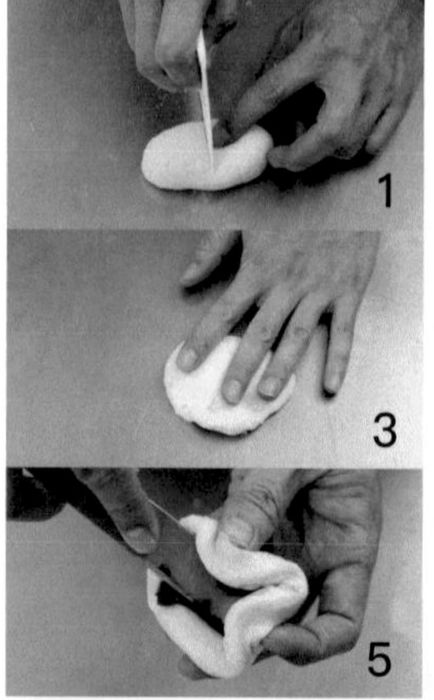

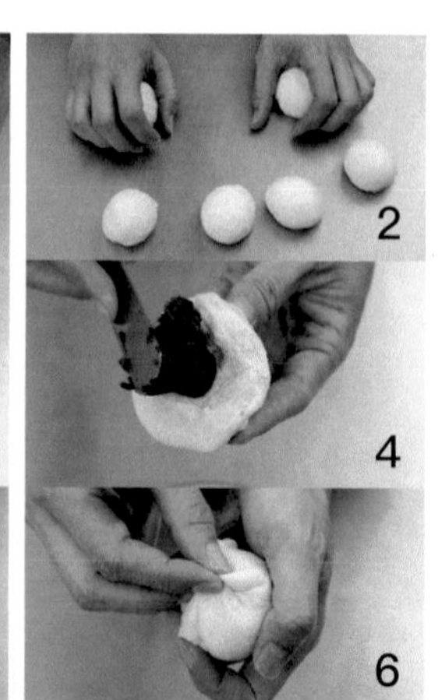

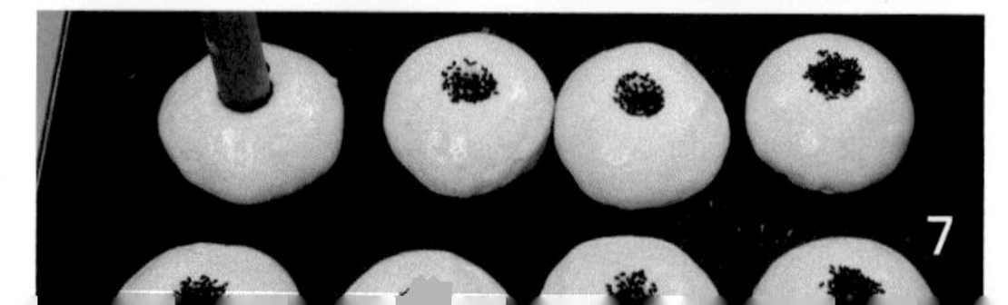

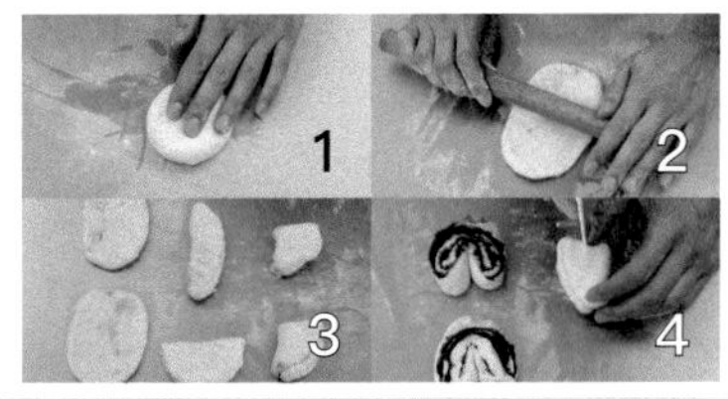
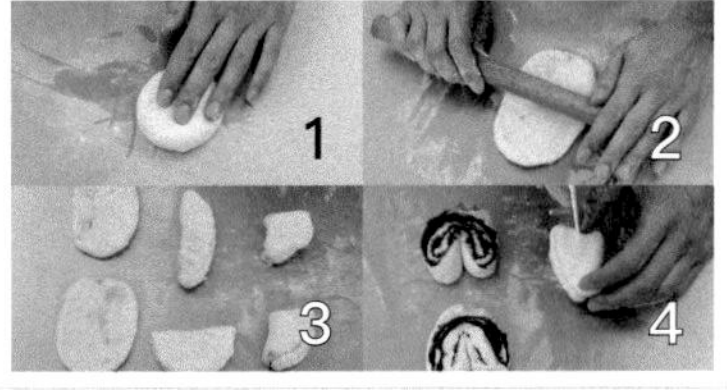

整形變化 1

1 將包入內餡的麵糰稍微壓扁，用擀麵棍擀長。（圖 1～2）
2 將麵糰從中間左右折起後，再上下對折（圖片上排三個）；或是上下折起，左右對折（圖片下排三個），從中間切開後翻開。（圖 3～4）

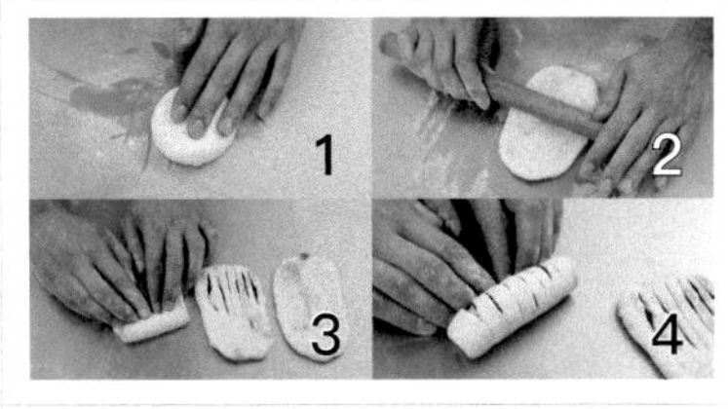

整形變化 2

1 將包入內餡的麵糰稍微壓扁，用擀麵棍擀長。（圖 1～2）
2 中間切割數刀，捲起。（圖 3～4）

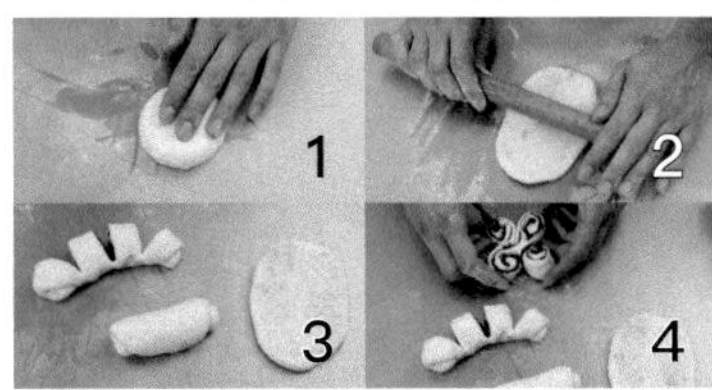

整形變化 3

1 將包入內餡的麵糰稍微壓扁，用擀麵棍擀長。（圖 1～2）
2 麵糰捲起，頂端留下適當距離，切出不切斷的 3 刀後，上下交叉盤旋成「╳」狀。（圖 3～4）

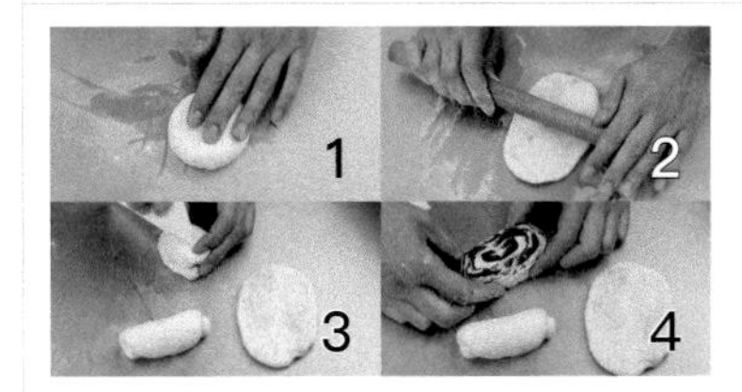

整形變化 4

1 將包入內餡的麵糰稍微壓扁，用擀麵棍擀長。（圖 1～2）
2 麵糰捲起對折後，上面留取 1/4 的距離，從中間切一刀到底，撥開切面的地方。（圖 3～4）

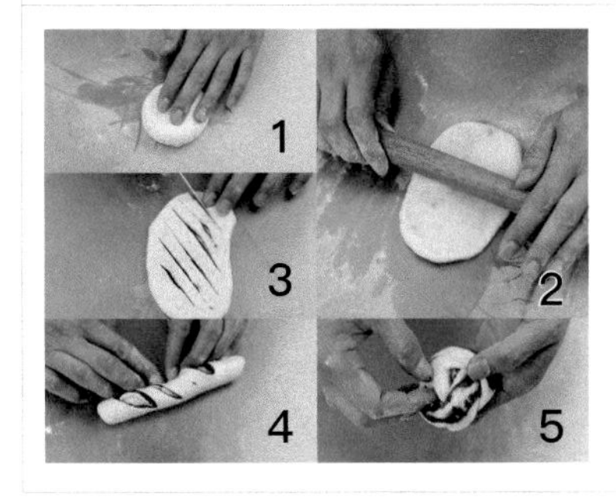

整形變化 5

1 將包入內餡的麵糰稍微壓扁，用擀麵棍擀長。（圖 1～2）
2 麵糰從中間斜切數刀，捲起，盤旋整圈後將其中一邊往中間收尾鑲入。（圖 3～5）

老師專區

- 學麵包的最基本款便是紅豆麵包，建議教學各式麵糰時，內容可從直接法、中種法、湯種法、老麵法等方法逐一進階，延續教學進度。
- 市售紅豆有烏豆沙、蜜紅豆、帶皮紅豆沙、不帶皮紅豆沙，建議採買帶皮紅豆沙（日式），而烏豆沙大部份是中式點心在採用。

TIPS !!

◎包餡時要將底部收好，避免烘烤時爆餡。

◎麵糰在基本發酵、中間發酵及最後發酵的每個階段，滾圓都要光滑緊實，成品的表面外觀才會漂亮。

學生專區

- 除了上述的整形方式外，麵糰整形還可以有哪些操作技法？
- 酵母的功能為何？需要哪些條件下酵母才能活化生長，讓麵糰膨脹？

Spring Onion Bun 蔥花甜麵包

產品數據

製作數量	15 個
預熱溫度	上火 200℃ / 下火 200℃
烤焙時間	12 ～ 15 分鐘
分割數據	60 公克 /1 個
基本發酵	溫度 28℃，濕度 75%，90 分鐘
中間發酵	溫度 28℃，濕度 75%，20 分鐘
最後發酵	溫度 38℃，濕度 85%，50 分鐘
操作工具	小刀

中種麵糰

高筋麵粉	330 公克
細砂糖	85 公克
快速酵母粉	7 公克
水	190 公克

蔥花餡

青蔥（切花）	10 支
雞蛋	1 顆
豬油	50 公克
鹽	2 公克
胡椒粒	1 公克

主麵糰

高筋麵粉	140 公克
鹽	5 公克
全蛋	50 公克
水	55 公克
奶粉	25 公克
無鹽奶油	60 公克
改良劑（S-5000）	5 公克

裝飾

美乃滋	適量
黑胡椒粒	適量

作法

1. 中種麵糰所有材料一起攪拌成糰，攪拌至完全擴展，麵糰可拉出薄膜，麵糰以摺疊方式收整成圓糰，放入鋼盆中，蓋上白布或保鮮膜，參考【產品數據】基本發酵。

2. 將中種麵糰和主麵糰材料一同攪拌成糰，攪拌至完全擴展，麵糰可拉出薄膜，麵糰以摺疊方式收整成圓糰，蓋上白布或保鮮膜，再發酵 30 分鐘。

3. 參考【產品數據】分割麵糰，滾圓後排入盤中，放置時須稍有間距，避免麵糰因發酵膨脹黏在一起；參考【產品數據】中間發酵。

4. 將麵糰塑形成長條狀，壓扁，整形成橄欖形，中間輕劃一刀，參考【產品數據】最後發酵。（圖 1 ～ 4）

5. 將蔥花餡所有材料一同拌勻。（圖 5）
麵糰表面放上蔥花餡，擠上裝飾美乃滋，撒上黑胡椒粒，參考【產品數據】放入預熱好的烤箱，入爐烘烤。（圖 6 ～ 7）

6. 出爐後靜置冷卻。

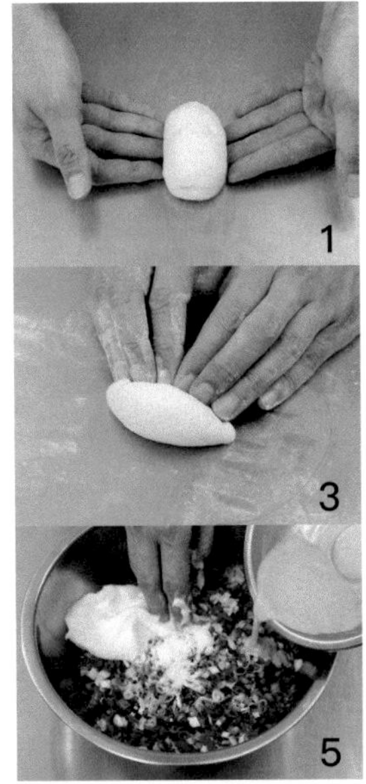

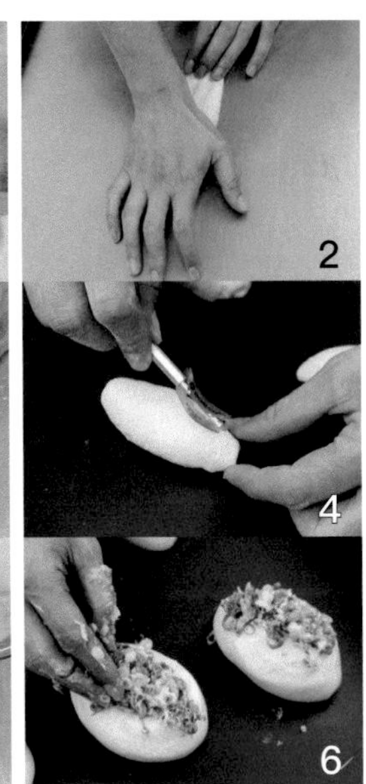

老師專區

- 烘烤前可放些配方外的豬油在烤盤內，增加麵糰烤焙時的酥香度。成品烤完後，烤盤內會有一層液態油屬正常現象，因為豬油軟化成液態。（圖 8）

- 調味上也可加入一些培根絲、雞粉來增加口味上的變化。

TIPS !!

◎蔥花餡要在加入麵糰表面時再操作，否則青蔥內餡拌合太久容易出水。

◎青蔥最好清洗後先瀝乾一次水份，順便風乾蔥內的黏液。

學生專區

- 蔥花餡擺上麵糰後，是否可以放些肉鬆或其他食材？

- 市售常見到的蔥花麵包有長條形、單粒圓形、三粒圓形等外觀，都是將蔥花內餡放在麵糰上，是否可以包在內部，如中式點心的蟹殼黃？

Donut

甜甜圈

產品數據

製作數量	20～25 個
分割數據	40～60 公克 /1 個
基本發酵	溫度 28℃，濕度 75%，50 分鐘
最後發酵	溫度 38℃，濕度 85%，30～40 分鐘
操作工具	夾子、油炸濾網

材料

細砂糖	適量

麵糰

高筋麵粉	320 公克	快速酵母粉	10 公克
低筋麵粉	80 公克	全蛋	40 公克
黃豆粉	50 公克	熟馬鈴薯泥	100 公克
奶粉	20 公克	水	168 公克
細砂糖	65 公克	白油	65 公克
鹽	8 公克		

作法

1 材料分別秤重；採用直接法製作，攪拌缸加入除了白油以外的麵糰材料，放置時須注意鹽與快速酵母粉必須避開放在同一處，打至光滑成糰，加入白油攪拌至完全擴展。

2 麵糰以摺疊方式收整成圓糰，放入鋼盆中，蓋上白布或保鮮膜，參考【產品數據】進行基本發酵。

3 參考【產品數據】分割麵糰，滾圓，壓扁擀開後捲起成長條狀，一端稍微壓扁，將一條麵糰頭尾相連成圓圈狀。（亦可整形成單股麻花；圖 1 ～ 4）

4 排入盤中，放置時須稍有間距，避免麵糰因發酵膨脹黏在一起，蓋上白布或保鮮膜，參考【產品數據】最後發酵。

5 油炸至金黃色，趁熱沾上細砂糖。

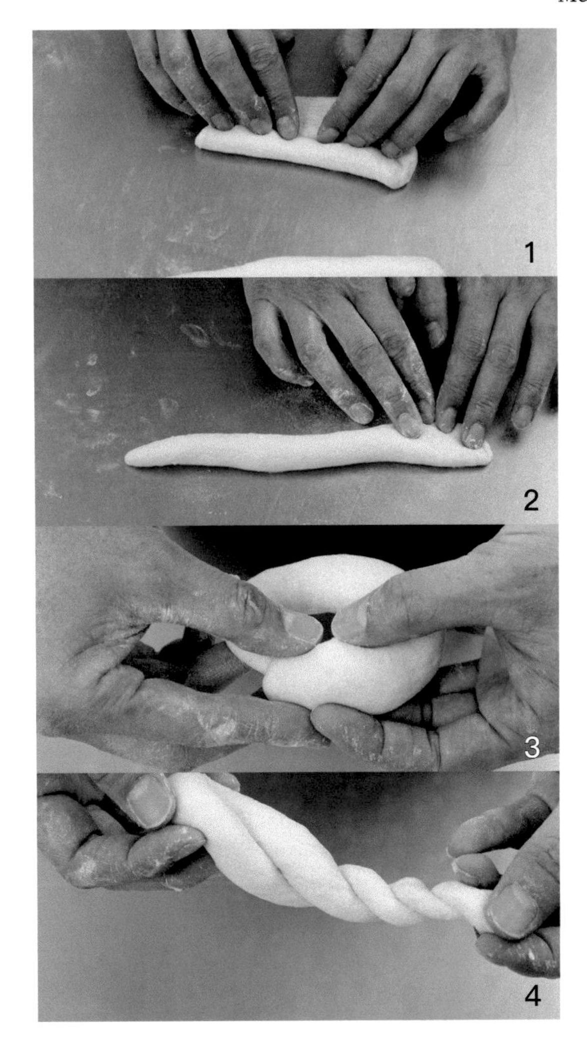

老師專區

- 馬鈴薯須先煮熟後趁熱搗成泥，一開始便直接加入麵糰攪打。如果來不及採買馬鈴薯，也可以直接刪除材料不用加入。

- 沒有黃豆粉就用奶粉或豆漿取代，材料比例不變。

- 亦可將麵糰分割為 30 公克 /1 個，滾圓後兩顆排在一起切割。（圖 5）

TIPS !!

◎油炸時溫度不可過高或過低，約 180℃即可。過高的油溫成品外觀容易焦黑而內部未熟；太低的油溫成品會吸附太多油炸油。

◎炸完的成品須瀝乾油份後，趁熱沾上細砂糖才會黏著上去。

學生專區

- 如何判斷麵糰是否發酵好？

- 發酵不夠或發酵太久（過頭）的麵糰會有哪些現象？

Salad Bun

沙拉麵包

產品數據	
製作數量	15 個
預熱溫度	上火 200℃ / 下火 200℃
烤焙時間	15 ～ 18 分鐘
分割數據	50 公克 /1 個
基本發酵	溫度 28℃，濕度 75%，50 分鐘
中間發酵	溫度 28℃，濕度 75%，20 分鐘
最後發酵	溫度 38℃，濕度 85%，50 分鐘
操作工具	鋸齒刀

麵糰	
高筋麵粉	500 公克
奶粉	15 公克
改良劑（S-5000）	3 公克
細砂糖	75 公克
鹽	5 公克
快速酵母粉	10 公克
全蛋	50 公克
水	100 公克
無鹽奶油	50 公克

內餡	
美乃滋	200 公克
火腿片	8 片
小黃瓜	1 條
滷蛋	4 顆
洋蔥絲	適量
美生菜	適量
煙燻雞肉300	600 公克
黑胡椒粒	適量

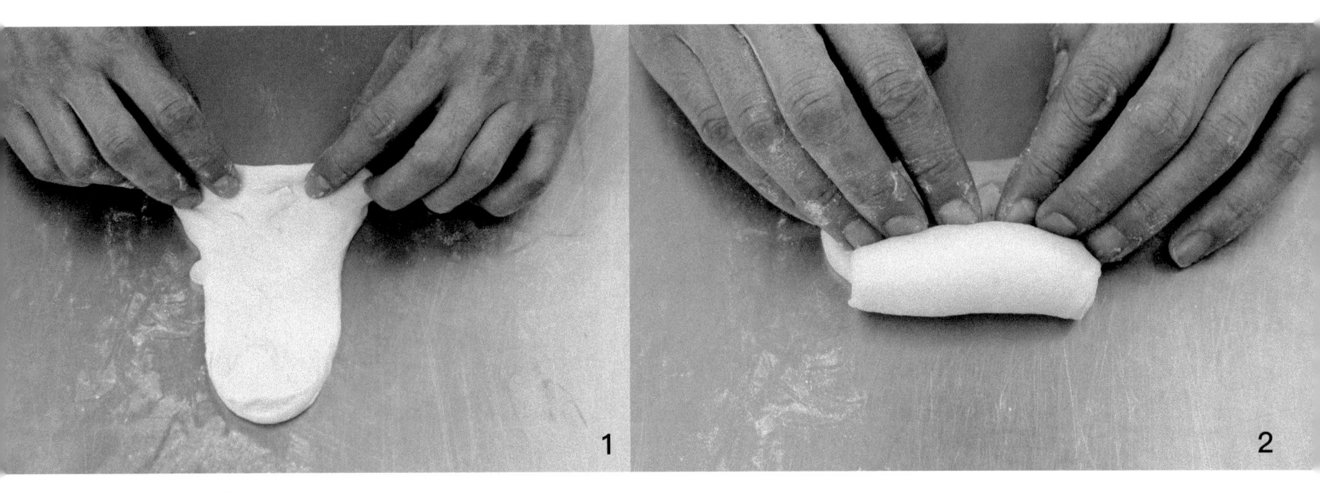

作法

1 攪拌缸加入除了奶油以外的麵糰材料，放置時須注意鹽與快速酵母粉必須避開放在同一處，一同攪拌成光滑麵糰（擴展階段），加入無鹽奶油攪拌至完全擴展，麵糰可拉出薄膜。

2 麵糰以摺疊方式收整成圓糰，放入鋼盆中，蓋上白布或保鮮膜，參考【產品數據】進行基本發酵。

3 參考【產品數據】分割麵糰，滾圓後排入盤中，放置時須稍有間距，避免麵糰因發酵膨脹黏在一起，參考【產品數據】中間發酵。

4 整形，將麵糰取出擀開，捲起成沙拉麵包外型。（圖 1 ～ 2）

5 排入盤中，放置時須稍有間距，避免麵糰因發酵膨脹黏在一起，參考【產品數據】最後發酵。
參考【產品數據】放入預熱好的烤箱，入爐烘烤。

6 起油鍋將火腿片煎熟；小黃瓜洗淨切片；滷蛋切半；美生菜剝開，以活水洗淨。

7 出爐後冷卻，將麵包中間用鋸齒刀切割成倒三角，移開中間的倒三角形麵包體，放上內餡材料裝飾調理。

TIPS !!

◎麵包烤焙出爐後，開始進行切割、裝餡時，便屬於熟食處理的準備，應注意衛生環境。

◎當日未食用完畢須冷藏保存，避免生鮮食材腐敗，內餡變質。

老師專區

- 課堂上時間允許，沙拉醬（美乃滋）也可以從原始材料開始操作起來（油、醋、蛋黃、砂糖等），再加入番茄醬就是千島醬。
- 滷蛋如採買不及，直接用水煮蛋即可。

學生專區

- 市售的沙拉麵包還有哪些？例如放了咔啦雞腿、醬爆牛肉片等不同材料的沙拉麵包。
- 培根和火腿有哪些差異性？同學們可以查詢資料看看。

Streussel Bread

奶酥吐司

產品數據

製作數量	4 條
預熱溫度	上火 160℃ / 下火 210℃
烤焙時間	約 40 ～ 45 分鐘
基本發酵	溫度 28℃，濕度 75%，50 分鐘
中間發酵	溫度 28℃，濕度 75%，15 分鐘
最後發酵	溫度 38℃，濕度 85%，50 ～ 60 分鐘
操作工具	包餡匙

吐司麵糰

高筋麵粉	1100 公克
快速酵母粉	15 公克
水	600 公克
全蛋	80 公克
細砂糖	160 公克
奶粉	45 公克
鹽	10 公克
改良劑	5 公克
乳化劑	10 公克
無鹽奶油	110 公克

奶酥餡

無鹽奶油	100 公克
細砂糖	130 公克
全蛋	50 公克
奶粉	190 公克
玉米粉	15 公克
奶水	30 公克

裝飾

全蛋液	適量
杏仁片	適量

作法

1 材料分別秤重；攪拌缸加入除了奶油以外的麵糰材料，放置時須注意鹽與快速酵母粉必須避開放在同一處，一同攪拌成光滑麵糰（擴展階段），加入無鹽奶油攪拌至完全擴展，麵糰可拉出薄膜。

2 麵糰以摺疊方式收整成圓糰，放入抹油的鋼盆中，蓋上白布或保鮮膜，參考【產品數據】進行基本發酵。

3 取出麵糰平均分割 8 份，將麵糰滾圓使表面光滑，排入盤中，放置時須稍有間距，避免麵糰因發酵膨脹黏在一起，蓋上塑膠袋，參考【產品數據】中間發酵。

4 奶酥餡：全部材料加在一起攪拌均勻，注意不可打太發，否則會太軟。（圖 1）

5 整形，麵糰擀開後拉平整，抹上奶酥餡，捲起收口入模，兩顆麵糰同放一模，參考【產品數據】最後發酵。（圖 2～4）

6 表面刷上蛋液，撒上杏仁片裝飾，參考【產品數據】放入預熱好的烤箱，入爐烘烤。（圖 5）

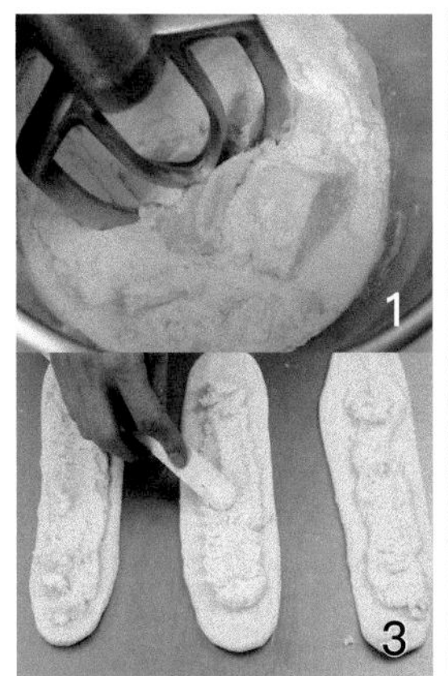

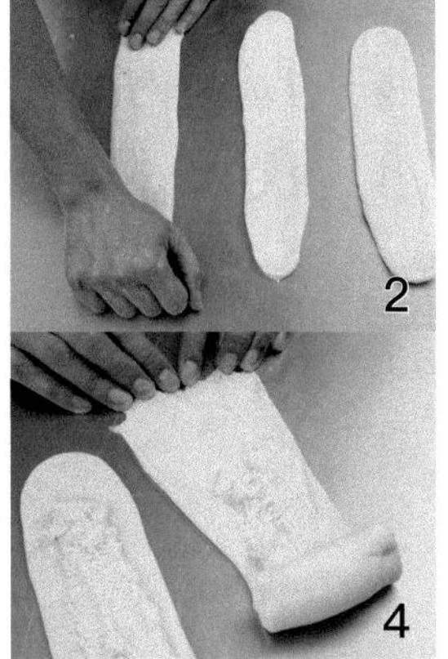

TIPS !!

◎吐司麵糰可以依據學校或教室內的模具大小來調整重量和數量。

◎成品出爐放涼後務必封好儲存，避免表面風乾及澱粉快速老化。

老師專區

- 奶酥餡亦可以換成紅豆餡、芋頭餡等內餡變化口味。
- 奶酥餡的砂糖也可以用糖粉取代。
- 可將內餡換成火腿片及起司片後捲起，變成鹹香口味。（圖 6～7）
- 可將包餡後的麵糰壓扁、切割 2 刀，綁成 3 辮吐司，麵糰外觀成品。（圖 8～11）

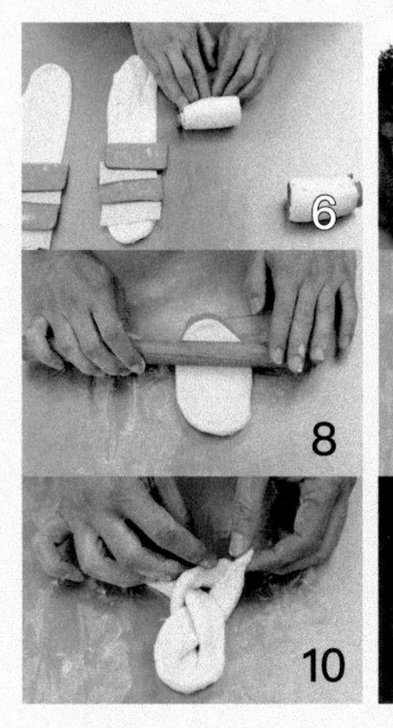

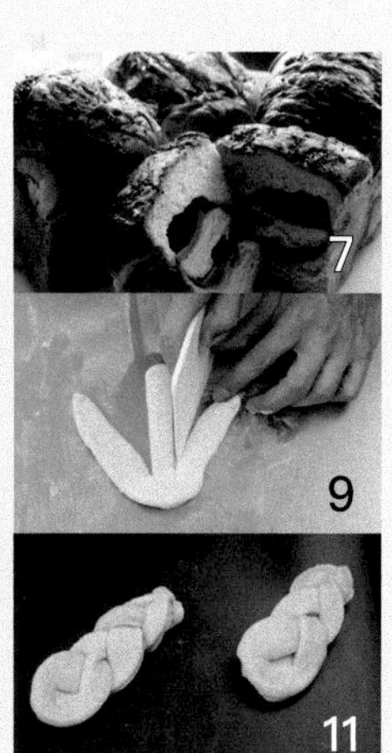

學生專區

- 酵母有分哪幾種，各種酵母的比例是要用多少？
- 吃不完的吐司是否可以冷凍儲存？

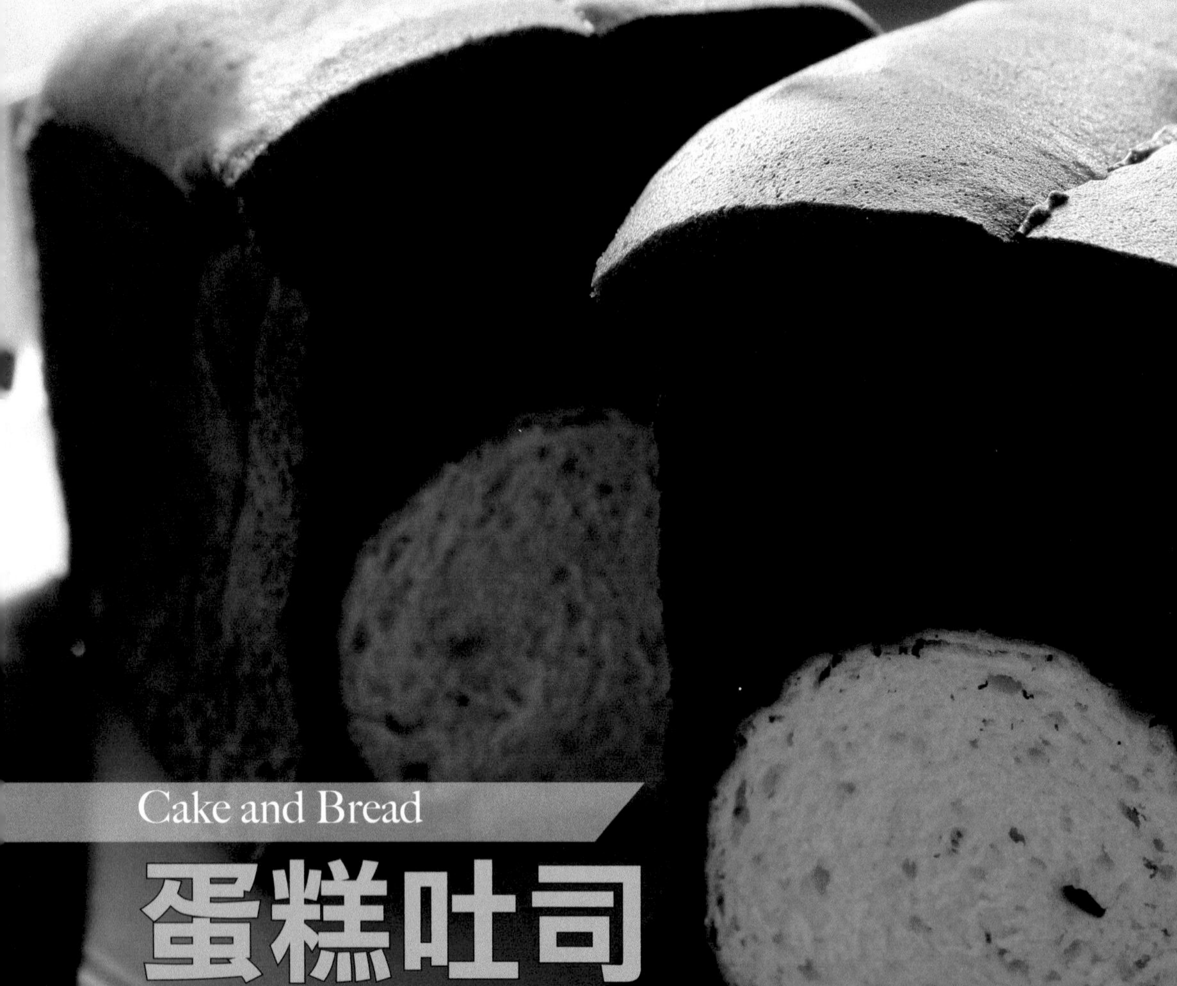

Cake and Bread

蛋糕吐司

產品數據

製作數量	3 條
預熱溫度	上火 200℃ / 下火 140℃
烤焙時間	45 ～ 55 分鐘
分割數據	190 公克 /1 個
基本發酵	溫度 28℃，溼度 75%，80 分鐘
中間發酵	溫度 28℃，溼度 75%，15 分鐘
操作工具	12 兩吐司模、打蛋器、小刀、切麵刀

吐司麵糰

高筋麵粉	300 公克
細砂糖	55 公克
精鹽	3 公克
乾酵母	3 公克
清水	190 公克
無鹽奶油	20 公克

麵糊

牛奶	160 公克
沙拉油	150 公克
低筋麵粉	200 公克
可可粉	50 公克
小蘇打粉	1 小匙
蛋黃	225 公克

蛋白

蛋白	450 公克
細砂糖	225 公克

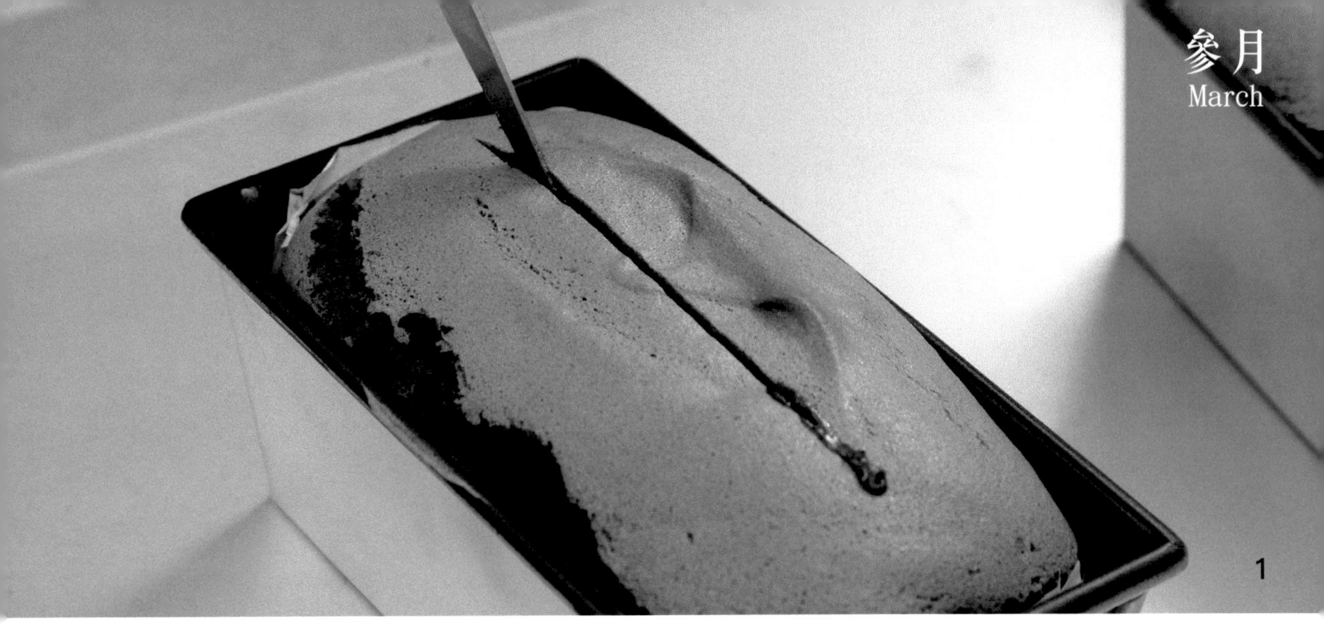
1

作法

1 吐司麵糰作法：攪拌缸加入除了奶油以外的麵糰材料，放置時須注意鹽與乾酵母必須避開放在同一處，一同攪拌成光滑麵糰（擴展階段），加入無鹽奶油攪拌至完全擴展，麵糰可拉出薄膜。

2 麵糰以摺疊方式收整成圓糰，放入鋼盆中，蓋上白布或保鮮膜，參考【產品數據】進行基本發酵，發酵至麵糰膨脹約原來的2倍大。

3 參考【產品數據】分割麵糰，滾圓後排入盤中，放置時須稍有間距，避免麵糰因發酵膨脹黏在一起。

4 蓋上白布或保鮮膜，參考【產品數據】進行中間發酵；剪裁烤盤紙，放入12兩吐司模內。

5 發酵後取出麵糰，擀捲一次，整形成可放入12兩吐司模的圓條狀，放入吐司模內。

6 麵糊：採用戚風蛋糕打法，粉類先過篩備用；蛋白、細砂糖一同打至濕性發泡，加入蛋黃、液體材料與過篩粉類拌合，將麵糊準備好後立刻平均填模。

7 參考【產品數據】放入預熱好的烤箱，入爐烘烤，先烤約15～20分鐘，待表面結皮後輕輕劃刀，入爐繼續烤至完成。(圖1)

8 出爐後重敲，脫模即為成品。

老師專區

- 測試蛋糕是否烤熟，可以使用竹籤測試，沒有沾黏即可出爐。
- 吐司麵糰可以打好，先基本發酵，分割滾圓，冷藏，打蛋糕前再整形，時間比好掌握。

TIPS !!

◎模具需鋪烤盤紙，可選購不撕除比較漂亮的烤盤紙，當然，一般白報紙也是可以。

◎吐司麵糰擀捲好隨即打蛋糕，毋須最後發酵。

學生專區

- 吐司麵糰如果抹一層果醬，烤出來切面會很漂亮喔。

Sable Bun with Milky Filling

酥菠蘿奶酥

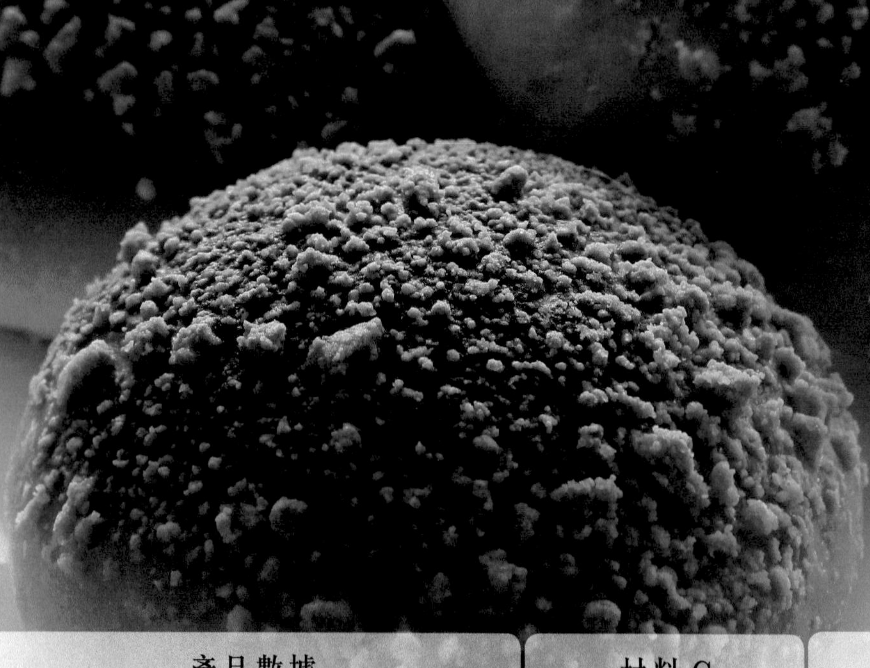

產品數據	
製作數量	24 個
預熱溫度	上火 180℃ / 下火 160℃
烤焙時間	15 ～ 18 分鐘
分割數據	60 公克 /1 個
基本發酵	溫度 28℃，濕度 75%，50 ～ 60 分鐘
中間發酵	溫度 28℃，濕度 75%，15 ～ 20 分鐘
最後發酵	溫度 38℃，濕度 85%，50 ～ 60 分鐘
操作工具	包餡匙、擀麵棍、粗篩網

材料 A	
細砂糖	150 公克
鹽	10 公克

材料 B	
全蛋	100 公克
水	360 公克

材料 C	
高筋麵粉	650 公克
低筋麵粉	160 公克
奶粉	50 公克
改良劑	5 公克
快速酵母粉	10 公克

酥菠蘿	
糖粉	125 公克
酥油	125 公克
全蛋	1 顆
低筋麵粉	300 公克

材料 D	
無鹽奶油	65 公克

奶酥餡	
無鹽奶油	200 公克
糖粉	165 公克
全蛋	65 公克
奶粉	330 公克
鹽	3 公克

其他	
蛋白液	適量

作法

1 酥菠蘿：所有材料攪拌均勻，使用粗篩網搓成米粒狀備用。

2 材料分別秤重；以直接法攪拌至完全擴展，攪拌缸加入材料 A、B、C，放置時須注意鹽與快速酵母粉必須避開放在同一處，一同攪拌成光滑麵糰（擴展階段），加入材料 D 攪拌至完全擴展，麵糰可拉出薄膜。

3 麵糰以摺疊方式收整成圓糰，放入鋼盆中，蓋上白布或保鮮膜，參考【產品數據】進行基本發酵。

4 參考【產品數據】分割麵糰，滾圓後排入盤中，放置時須稍有間距，避免麵糰因發酵膨脹黏在一起。

5 參考【產品數據】進行中間發酵；將奶酥餡材料中的糖粉、奶粉過篩，再把所有材料混合備用。

6 取出整形，把麵糰擀開，每個包入約 30 公克的奶酥餡，排入盤中，放置時須稍有間距，避免麵糰因發酵膨脹黏在一起。（圖 1）

7 參考【產品數據】最後發酵，刷上蛋白液，沾上酥菠蘿，排入不沾烤盤中。（圖 2 ～ 4）

8 參考【產品數據】放入預熱好的烤箱，入爐烘烤。

9 出爐後置冷卻即可。

TIPS !!

◎製作好的酥菠蘿建議入冷藏或冷凍備用，以利維持米粒狀態。

◎製作奶酥餡時，糖粉、奶粉須過篩。若材料結塊，奶酥餡不易拌勻，口感不佳。

老師專區

- 內餡部份亦可由其他口味替代，如布丁、草莓醬、巧克力豆等。
- 烤焙過程中，若爐溫內外不平衡，須適時將烤盤轉頭調爐。

學生專區

- 包餡後的麵糰，是否還能繼續做滾圓的動作呢？為什麼？
- 整形完排入烤盤時，除了須注意麵糰間保持適當間隔外，排盤還有哪些注意事項或排法？

Mixed Salty Bread
綜合鹹麵包

產品數據

製作數量	24 個
預熱溫度	上火 190℃ / 下火 170℃
烤焙時間	15 ～ 18 分鐘
分割數據	60 公克 /1 個
基本發酵	溫度 28℃，濕度 75%，50 ～ 60 分鐘
中間發酵	溫度 28℃，濕度 75%，10 ～ 15 分鐘
最後發酵	溫度 38℃，濕度 85%，50 ～ 60 分鐘
操作工具	擀麵棍

材料 A

細砂糖	150 公克
鹽	10 公克

材料 C

高筋麵粉	650 公克
低筋麵粉	160 公克
奶粉	50 公克
改良劑	5 公克
快速酵母粉	10 公克

材料 D

無鹽奶油	65 公克

材料 B

全蛋	100 公克
水	360 公克

餡料

培根	12 片
煙燻雞肉	180 公克
全蛋液	適量
美乃滋	適量
番茄醬	適量
黑胡椒粒	適量
乳酪絲	適量

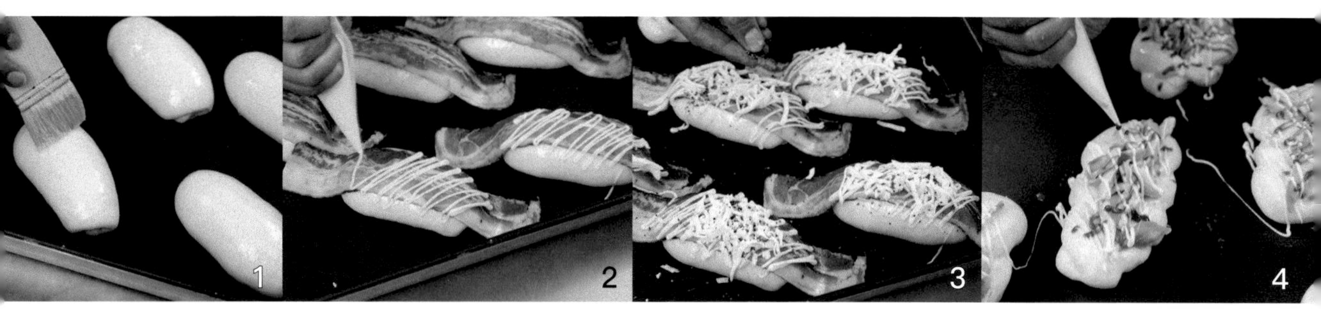

作法

1 材料分別秤重；以直接法攪拌至完全擴展，攪拌缸加入材料A、B、C，放置時須注意鹽與快速酵母粉必須避開放在同一處，一同攪拌成光滑麵糰（擴展階段），加入材料D攪拌至完全擴展，麵糰可拉出薄膜。

2 麵糰以摺疊方式收整成圓糰，放入鋼盆中，蓋上白布或保鮮膜，參考【產品數據】進行基本發酵。

3 參考【產品數據】分割麵糰，滾圓後排入盤中，放置時須稍有間距，避免麵糰因發酵膨脹黏在一起。

4 蓋上白布或保鮮膜，參考【產品數據】進行中間發酵。

5 整形1：取出麵糰整形成橢圓形，排入盤中，放置時須稍有間距，避免麵糰因發酵膨脹黏在一起。

6 整形2：取出麵糰整形成辮子狀，排入盤中，放置時須稍有間距，避免麵糰因發酵膨脹黏在一起。

7 蓋上白布或保鮮膜，參考【產品數據】最後發酵。

8 烤前鋪料1：橢圓形麵糰刷上蛋液，放上培根、美乃滋，撒上乳酪絲與黑胡椒粒。（圖1～3）

9 烤前鋪料2：辮子狀麵糰刷上蛋液，放上煙燻雞肉、美乃滋、番茄醬，撒上乳酪絲與黑胡椒粒。（圖4）

10 參考【產品數據】放入預熱好的烤箱，入爐烘烤。

11 出爐後靜置冷卻即可。

老師專區

- 餡料上可彈性運用手邊材料，如熱狗、玉米粒、起士絲、洋蔥絲等，增添口味變化。
- 餡料適量添加即可，鋪上過多材料易將麵包體壓扁，導致變形。

TIPS !!

◎當日未食用完畢須冷藏保存，避免生鮮食材腐敗，內餡變質。

◎麵糰表面有刷上蛋液，烤焙時要注意火候，以防產品烤焦。

學生專區

- 鹹味內餡材料還可替換哪些呢？同學們可以討論看看有哪些創意作法。

Brown Sugar Rice Cake
黑糖發糕

產品數據

火侯	大火
熟製時間	15～18分鐘
操作工具	小模具12～15個、打蛋器、篩網、擠花袋

材料

低筋麵粉	600公克
泡打粉	5小匙
清水	520公克
黑糖	300公克

作法

1 清水加入黑糖煮溶，以篩網過濾冷卻備用；低筋麵粉與泡打混合過篩。

2 黑糖水與粉類完全攪拌均勻，拌成像優酪乳般光滑的質地，鬆弛 10 分鐘以上，讓麵糊質地更均勻。

3 麵糊裝入擠花袋中，利用輔助工具平均填模，約模具九分滿。（圖 1～2）

4 鍋蓋綁上蒸籠布，蒸籠鍋水煮沸後開大火，參考【產品數據】蒸製黑糖發糕。

5 前半段不要開蒸籠蓋，後續以探針測試，沒沾黏即可取出，成品。

TIPS !!

◎蒸發糕蒸籠鍋的水要多，完全煮沸後再下去蒸，這樣蒸氣才足夠。

◎蒸好取出時要小心，避免水滴滴到成品上，造成外觀不佳，鍋蓋可綁上蒸籠布避免。

老師專區

- 開蒸籠鍋蓋一定要小心，避免同學臉部或是手部被蒸氣燙傷。
- 瓷碗或是馬芬杯等，都可以裝麵糊下去蒸製，容器開口處不要寬口，外觀較佳。

學生專區

- 五行發糕，不同顏色，配方該如何調整？
- 家中長輩蒸發糕，大部分都用在來米粉，上課採用低筋麵粉製作，兩者之間的差異性為何？

Steamed Taro Cake

芋粿巧

產品數據	
製作數量	約 20～23 個
火候	中大火
熟製時間	25～30 分鐘
分割數據	40 公克 /1 個
操作工具	片刀、炒菜鍋、蒸籠紙、蒸籠鍋

漿糰	
圓糯米粉	240 公克
在來米粉	160 公克
清水	280 公克

餡料	
芋頭	200 公克
蝦米	20 公克
紅蔥頭	20 公克
鹽	1 小匙
味精	1 小匙
香油	1 小匙
胡椒粉	2 小匙
五香粉	1 小匙
醬油	1 大匙

作法

1. 漿糰作法：圓糯米粉、在來米粉加入清水混合攪拌成糰，靜置鬆弛約 20 分鐘後，依軟硬度再酌量加水調整。

2. 芋頭削皮切丁；紅蔥頭削皮切碎；蝦米泡後略切，備用。

3. 起油鍋爆香紅蔥頭及蝦米，倒入芋頭及調味料拌炒香，冷卻備用。

4. 炒香的配料加入鬆馳後的漿糰內充分混合均勻，手先抹油，先搓揉成長條狀，參考【產品數據】分割所需的數量，用手整形微彎月形。

5. 參考產品大小剪裁蒸籠紙；鍋蓋綁上蒸籠布，蒸籠鍋水煮沸後開大火，每個產品底下墊一張剪好的蒸籠紙，參考【產品數據】熟製產品，蒸熟即可裝盤，成品。（圖 1）

1

TIPS !!

◎調製漿糰時，如太濕可添加適量的糯米粉來做調整；反之添加適量的水。

◎整形時，表面抹些油比較不易沾黏，蒸熟後成品外觀也較為光亮。

老師專區

- 也可（先煮粿粹）先取部分糯米粉及適量的水調製成糰後，放入煮沸的水中煮至粉糰浮起成透明，再一同攪拌。（圖 2）

2

學生專區

- 有些老師會在上面用手指壓出三道痕跡，思考一下有特殊意義？

Glutinous Oil Rice

油飯

產品數據

製作數量	3個（馬口碗）
火候	中大火
熟製時間	20～25分鐘
操作工具	馬口碗、打蛋器 蒸籠鍋、片刀、炒鍋

材料A

長糯米	600公克

材料B

豬油	50公克	醬油	1.5大匙
五花肉	60公克	精鹽	2大匙
紅蔥頭	50公克	味精	1小匙
乾香菇	10公克	細砂糖	1大匙
蝦米	15公克	白胡椒	2小匙
清水	270公克	香油	1大匙

作法

1. 長糯米洗淨，泡溫水約60分鐘，取出瀝乾，倒上蒸籠布開大火，蒸熟取出拌鬆。
2. 紅蔥頭剝皮切碎；乾香菇泡開切片；五花肉切碎；蝦米泡後略為切碎。
3. 起油鍋以小火爆香紅蔥頭，加入其餘配料拌炒，加入調味料、清水調味炒勻。
4. 將蒸熟的長糯米倒入鍋中，一起拌炒均勻。
5. 油飯的盛裝容器鋪上一層保鮮膜，將炒製調理好的米飯料盛入容器內，移至蒸籠內，參考【產品數據】熟製產品。（圖1）
6. 取出盛盤，成品。

TIPS !!

◎糯米須事先浸泡，米心才會熟透。

◎趕時間時，起一鍋水煮沸，糯米直接下鍋汆燙後撈起，減少浸泡時間。

老師專區

- 蒸糯米過程中可略噴水，以利米粒吸水能完成熟透。

學生專區

- 油飯填裝容器時，可運用留下的部分配料鋪置表面，感覺比較豐富。

1

Steamed Rice Cake
碗粿

產品數據

製作數量	12 個
火侯	中大火
熟製時間	20 ～ 25 分鐘
分割數據	100 公克 /1 個
操作工具	打蛋器、蒸籠鍋 片刀、炒鍋

米漿

在來米粉	300 公克
地瓜粉	30 公克
冷水	250 公克
熱水	650 公克

餡料

豬絞肉	90 公克
乾香菇	15 公克
蘿蔔乾	30 公克
蝦米	9 公克
沙拉油	30 公克
紅蔥頭	15 公克
精鹽	1 大匙
味精	1 小匙
醬油	2 小匙
香油	2 小匙
白胡椒粉	1 小匙

作法

1 米漿作法：在來米粉、地瓜粉混合後用冷水拌勻，再加熱水拌勻備用。

2 用小火拌煮糊化，外觀呈現稀糊狀。（圖 1 ～ 2）

3 配料作法：紅蔥頭切碎；乾香菇泡軟切丁；蝦米、蘿蔔乾分別泡水，瀝乾後略切。

4 起油鍋，小火爆香紅蔥頭、香菇丁，再加入蝦米、豬絞肉及蘿蔔乾炒熟至香，放入調味料拌勻。

5 模型內抹上少許油，倒入糊化後的米漿，上層稍稍抹平並放上餡料，移至蒸籠內，參考【產品數據】熟製產品。（圖 3）

TIPS !!

◎粉漿拌煮糊化過程宜用小火攪拌，避免底部黏鍋燒焦。

◎糊化製成稀糊狀即可，過度會使成品口感變差、較硬，外觀也不佳。

老師專區

- 可以將部分配料加入粉漿一同糊化，碗粿裡也吃得到餡料。

學生專區

- 喜歡鹹蛋黃表面也可以加鹹蛋黃，鹹蛋黃製作原理是如何製作？

Square Cookie

方塊酥

產品數據

製作數量	40片
預熱溫度	上火200℃／下火150℃
烤焙時間	20～25分鐘
操作工具	擀麵棍、切麵刀

油皮

中筋麵粉	100公克
水	70公克
細砂糖	10公克
鹽	1公克
豬油	2公克

油酥

低筋麵粉	220公克
豬油	130公克
細砂糖	100公克
鹽	2公克

裝飾

生白芝麻	10公克

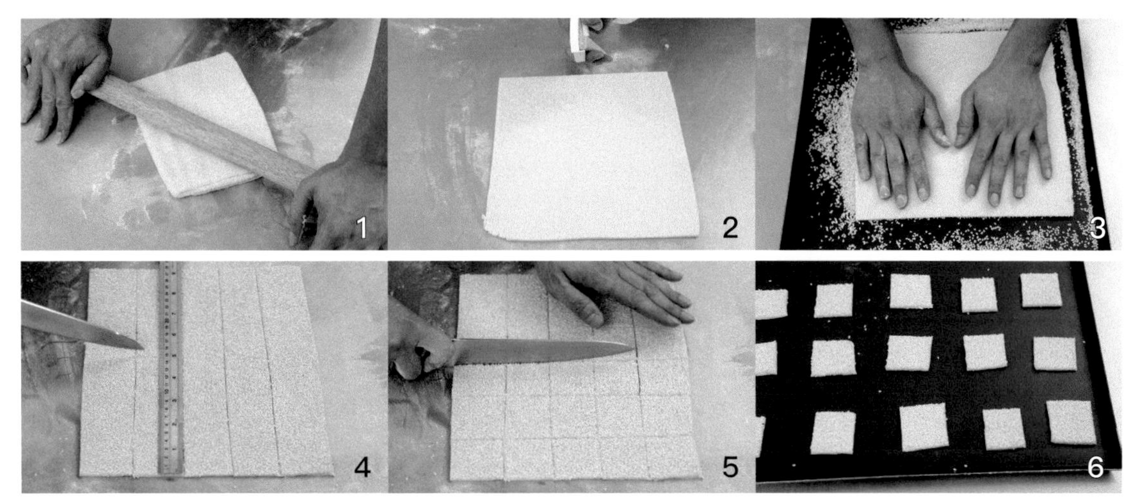

作法

1 材料分別秤重。

2 油皮作法：全部材料攪拌至表面光滑，放入鋼盆中，蓋上塑膠袋，鬆弛 20 分鐘。

3 油酥作法：全部材料拌勻。

4 油皮包油酥（採用大包酥作法），三折四次，整形擀成 0.5 公分厚噴水，均勻沾上生白芝麻，切成約 5 公分的正方形片。（圖 1 ～ 5）

5 均等排入烤盤，放置時須間距相等，參考【產品數據】放入預熱好的烤箱，入爐烘烤，烤至淺咖啡色或金黃色即可，出爐冷卻。（圖 6）

老師專區

- 大包酥是將鬆弛的油皮直接包入油酥;小包酥則會分別分割油皮、油酥，待油皮鬆弛好後，再個別操作。
- 油皮攪拌的愈光滑，產品皮愈細緻，但鬆弛時間要拉長。
- 摺擀前一定要鬆弛，比較不易漏餡。

TIPS !!

◎油皮、餡料的軟硬度，要配合室溫與產品特性而調節。

◎整形後的半成品，厚薄度要一致。

◎操作過程中，要預防表面結皮，具體可以在操作過程中蓋好塑膠袋，讓麵糰隔絕空氣避免表面結皮。

學生專區

- 油皮為何要用中筋麵粉？是否可使用高筋麵粉或低筋麵粉？
- 何種油脂最適合酥油皮類產品的使用？為什麼？

Moon Cake

台式月餅

產品數據	
製作數量	18 個
烤焙數據 A	上火 220℃ / 下火 140℃，8 ～ 10 分鐘
烤焙數據 B	上火 210℃ / 下火 140℃，6 ～ 8 分鐘
分割數據	餅皮：內餡 / 24 公克：72 公克
操作工具	切麵刀、毛刷

餅皮	
糖粉	90 公克
奶粉	30 公克
麥芽糖	15 公克
奶油	40 公克
鹽	2 公克
全蛋	70 公克
低筋麵粉	200 公克
泡打粉	1 公克

內餡	
加油烏豆沙	1300 公克

其他	
蛋黃液	適量

作法

1 粉類過篩；利用糖粉、奶粉將麥芽糖拉開，撕成小碎狀。

2 奶油與麥芽糖粉塊拌勻，慢慢加入全蛋液拌勻，最後加入鹽、粉類拌勻備用。

3 參考【產品數據】分別分割餅皮與內餡。

4 將餅皮沾粉壓至適合大小，將內餡放至上方，整形捏合。（圖 1～2）

5 放入月餅模內，手掌壓緊後敲出，間距相等的擺上不沾烤盤。（圖 3）

6 表面多餘的粉用毛刷輕輕刷掉，參考【烤焙數據 A】放入預熱好的烤箱，入爐烘烤。（圖 4）

7 將台式月餅表面刷上兩次蛋黃液，參考【烤焙數據 B】再入爐烘烤，出爐即為成品。

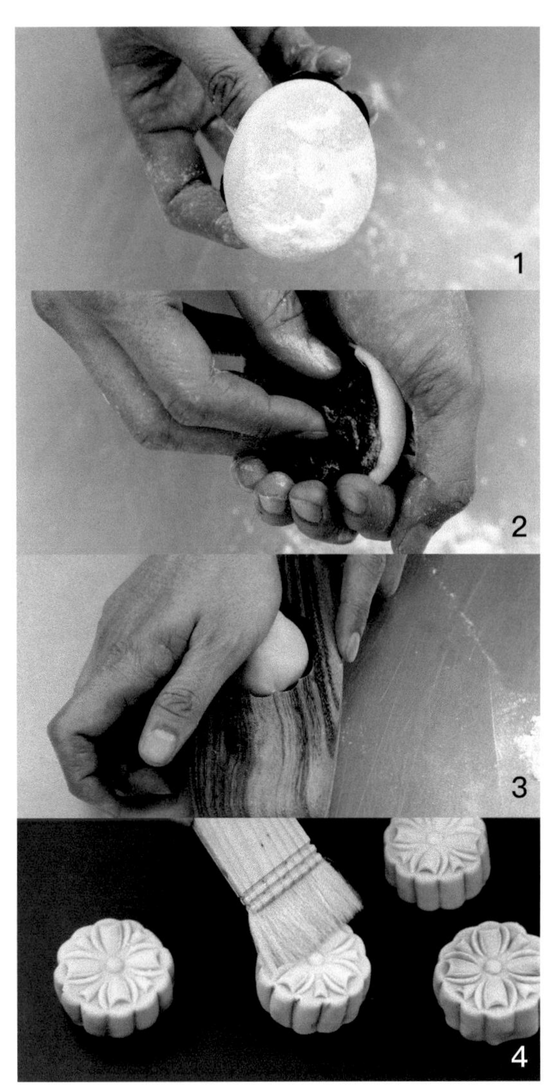

老師專區

• 敲模分解過程圖。（圖 5～10）

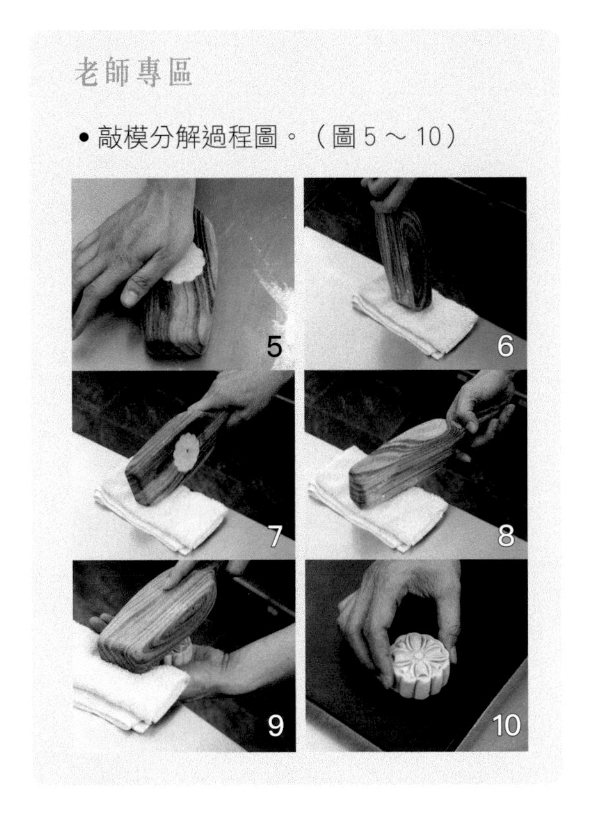

TIPS !!

◎粉類會先吃 2/3，包餡前，加剩下的粉類調整餅皮軟硬度。

◎包好月餅先高溫將外觀凸出處定型，再刷上全蛋液，利用容器邊緣刮去多餘的蛋液。

學生專區

• 內餡可以換自己喜歡的口味，跟老師討論，椰子口味如何製作？

The Traditional Cracker with the Shape of Beef Tongue

牛舌餅

產品數據

製作數量	20 個
預熱溫度	上火 200℃ / 下火 200℃
烤焙時間	20～25 分鐘
分割數據	油皮：油酥：內餡 35 公克：18 公克：35 公克
操作工具	擀麵棍、切麵刀

內餡

花生粉	40 公克
糕仔粉（糯米粉）	20 公克
糖粉	260 公克
麥芽糖	120 公克
低筋麵粉	200 公克
鹽	4 公克
無鹽奶油	50 公克
水	60 公克

油酥

低筋麵粉	240 公克
無鹽奶油	120 公克

油皮

中筋麵粉	400 公克
細砂糖	40 公克
無鹽奶油	120 公克
鹽	4 公克
水	200 公克

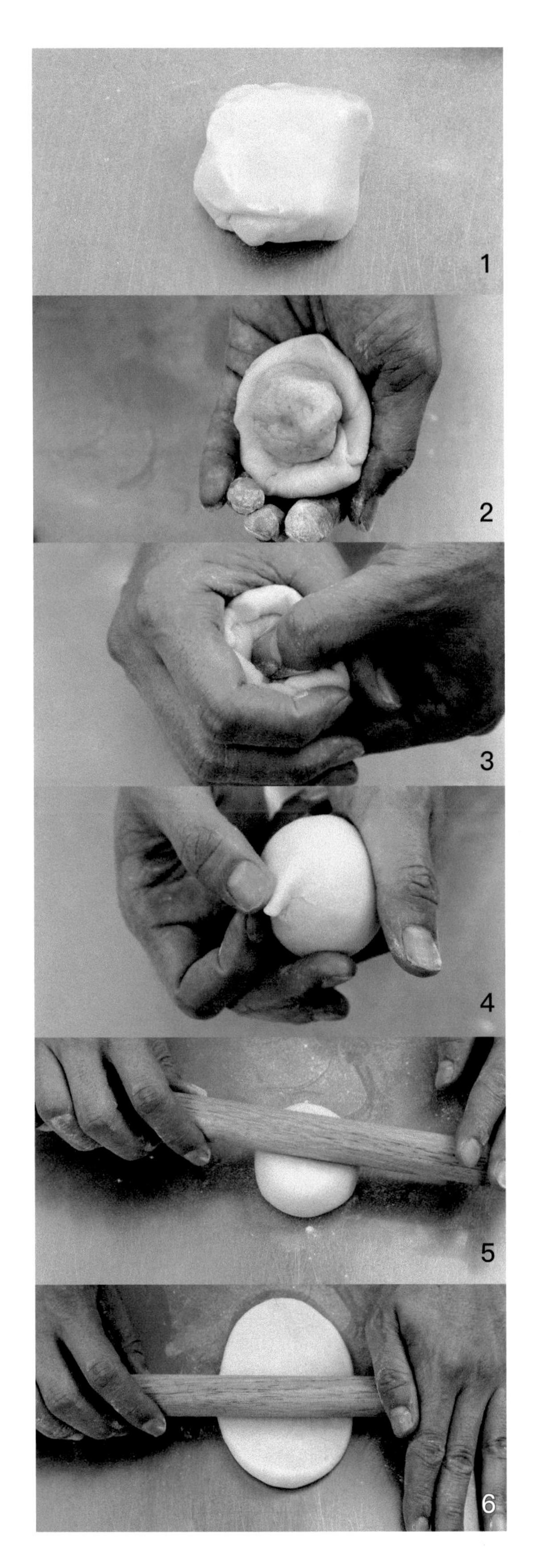

作法

1 材料分別秤重。

2 油皮作法：全部材料攪拌至表面光滑，放入鋼盆中，蓋上塑膠袋鬆弛 20 分鐘，參考【產品數據】分割油皮。（圖 1）

3 油酥作法：鋼盆加入低筋麵粉、無鹽奶油拌勻，參考【產品數據】分割油酥。

4 內餡作法：全部餡料混合均勻，參考【產品數據】分割內餡。

5 油皮包油酥，擀捲 2 次（各鬆弛 10 分鐘），包入內餡收口，以擀麵棍擀開，間距相等的排入不沾烤盤。（圖 2 ～ 6）

6 參考【產品數據】放入預熱好的烤箱，中途調頭續烤至熟，出爐冷卻即可。

老師專區

- 油酥攪拌均勻成糰即可，不須過度攪打。
- 酥油皮擀捲之糰數，要配合產品特性。

TIPS !!

◎整形後的半成品，酥油皮厚薄度要一致，底部不可有厚麵糰。

◎油皮、餡料的軟硬度，要配合室溫與產品特性調節。

學生專區

- 油酥為何要用低筋麵粉？是否可使用中筋或高筋麵粉？
- 出爐後的產品應如何保存才不會破壞風味及口感？

Bean Purée Pastry

金露酥

產品數據

製作數量	16 個
預熱溫度	上火 190/ 下火 130℃
烤焙時間	18 ～ 22 分鐘
分割數據	餅皮：內餡 /28 公克：14 公克
操作工具	切麵刀、毛刷

餅皮

花生油	75 公克	奶粉	1 大匙
全蛋	40 公克	布丁粉	20 公克
水	30 公克	低筋麵粉	200 公克
鹽	0.5 小匙	泡打粉	0.5 小匙
糖粉	100 公克	小蘇打粉	1 公克

內餡

加油烏豆沙	225 公克

裝飾

全蛋液	2 顆

作法

1 餅皮作法：所有材料拌勻，鬆弛備用。

2 內餡在分割前要先揉過，參考【產品數據】分別分割餅皮、內餡。

3 將餅皮沾粉壓至適合大小，將內餡放至上方，整形捏合。

4 手掌搓圓，也可搓成尖頭狀，平均放入不沾烤盤，表面刷上蛋液。

5 參考【產品數據】放入預熱好的烤箱，入爐烘烤，著色後調頭，關上火續燜烤至上色熟成，即可出爐，成品。

老師專區

- 請老師準備西點包布丁餡的卡士達粉（克林姆粉、格斯粉）；做布丁的膠凍布丁粉；中點的卡士達粉（炸東西掛漿，增加色澤，又稱酥脆粉，蛋黃粉），給同學分享，釐清材料。

TIPS !!

◎粉類會先吃 2/3，包餡前，加剩下的粉類調整餅皮軟硬度，如果太乾，餅皮先搓軟再包餡。

◎底部容易上色，建議一開始就套烤盤下去烤。

學生專區

- 看看包裝，花生油為什麼寫「調和油 - 花生風味」，FDA 隸屬哪個單位？

Curry Dumpling

咖哩餃

產品數據

製作數量	22 個
預熱溫度	上火 220℃ / 下火 200℃
烤焙時間	18 ～ 22 分鐘
分割數據	油皮：油酥：內餡 20 公克：10 公克：20 公克
操作工具	平烤盤 1 盤（42cm*61cm） 切麵刀、擀麵棍 毛刷、炒鍋

油皮

中筋麵粉	240 公克
糖粉	25 公克
豬油	100 公克
水	105 公克

內餡

沙拉油	20 公克	鹽	1 小匙
洋蔥碎	150 公克	細砂糖	2 小匙
生豬絞肉	350 公克	玉米粉	2 小匙
咖哩粉	2 小匙	水	1.5 大匙

油酥

低筋麵粉	160 公克
豬油	80 公克

裝飾

蛋黃	3 顆
白芝麻	50 公克

作法

1 配方中的粉類過篩備用。

2 油皮作法：所有材料一同用攪拌器拌成糰，手搓表面呈現光亮即可，放入鋼盆中，蓋上塑膠袋鬆弛。

3 油酥作法：低筋麵粉與豬油用攪拌器略拌成糰，取出，用手掌壓拌均勻。

4 內餡作法：起油鍋小火炒乾豬絞肉，撈起，再小火炒軟洋蔥碎，下豬絞肉調味，略微勾芡。
參考【產品數據】分割油酥、油皮。

5 油皮包油酥，擀捲二次，每個包入約 20 公克內餡，整形。

6 表面刷兩次以上的蛋黃液，利用叉子打洞，擀麵棍點上白芝麻裝飾。（圖 1 ～ 3）

7 參考【產品數據】放入預熱好的烤箱，入爐烘烤，著色後調頭，關火繼續燜烤至表面呈現金黃色，出爐，成品。

老師專區

- 要求學生平均將內餡分配完再包，避免油皮沾到咖哩，導致髒兮兮的。

（圖 4 ～ 5）

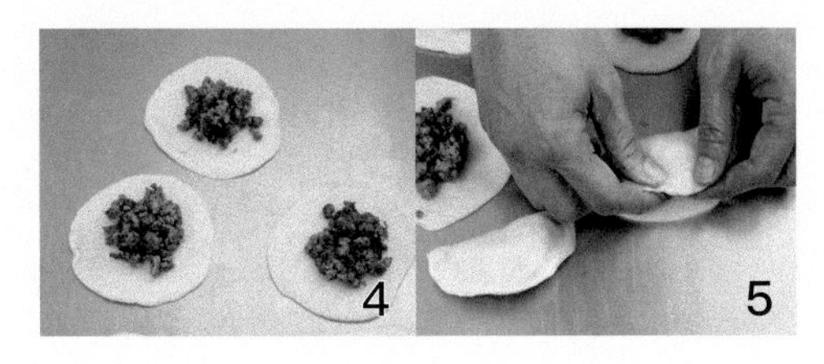

TIPS !!

◎炒肉餡時，配方為生豬絞肉，受熱會出水收縮，一般耗損會抓到 20%。

◎包肉餡時，咖哩盡量不要沾到皮的上緣，因油脂會讓油皮黏不太起來。

學生專區

- 整形花邊分解圖：
- 對齊後，邊略壓，順勢打花邊，到最後收口處往後收。（圖 6 ～ 11）

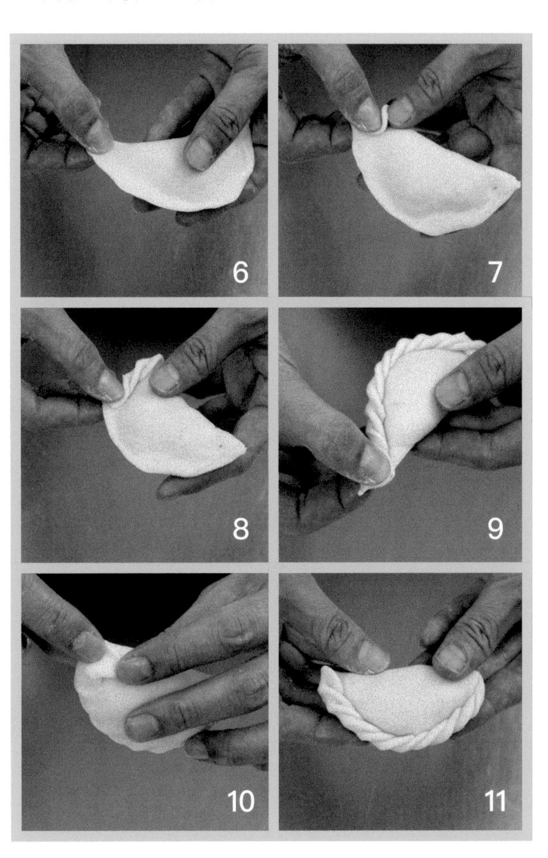

原味壽糕

產品數據

製作數量	4 個
烤焙數據 A	上火 200℃ / 下火 140℃，15 分鐘
烤焙數據 B	上火 160℃ / 下火 140℃，20 ～ 25 分鐘
烤焙時間	全程約 35 ～ 40 分鐘
操作工具	8 吋模具 *4 個、打蛋器、軟墊板

蛋白

蛋白	500 公克
細砂糖	250 公克
精鹽	0.5 小匙
塔塔粉	1 小匙
檸檬	1 顆

麵糊

橘子水	160 公克
沙拉油	150 公克
低筋麵粉	200 公克
玉米粉	50 公克
泡打粉	1 小匙
蛋黃	250 公克

作法

1. 配方中的粉類分別過篩；檸檬擠汁備用。
   麵糊作法：依序拌勻。（圖 1）

2. 蛋白作法：打發，濕性接近乾性起泡。

3. 取部份蛋白與麵糊攪拌，再倒入蛋白中拌勻，避免過度攪拌，導致蛋白消泡水化。（圖 2）

4. 麵糊倒入模型中，利用手指將麵糊輕敲，入爐烘烤前，輕敲將氣泡震出。（圖 3～4）

5. 參考【烤焙數據 A】放入預熱好的烤箱，入爐烘烤，烤至表面上色後，參考【烤焙數據 B】調整溫度續烤至熟，出爐輕敲，倒扣冷卻架上。

6. 冷卻脫模，成品。

TIPS !!

◎戚風蛋糕麵糊依序拌勻即可，粉類加入後不要過度攪拌，導致出筋。（圖 5～6）

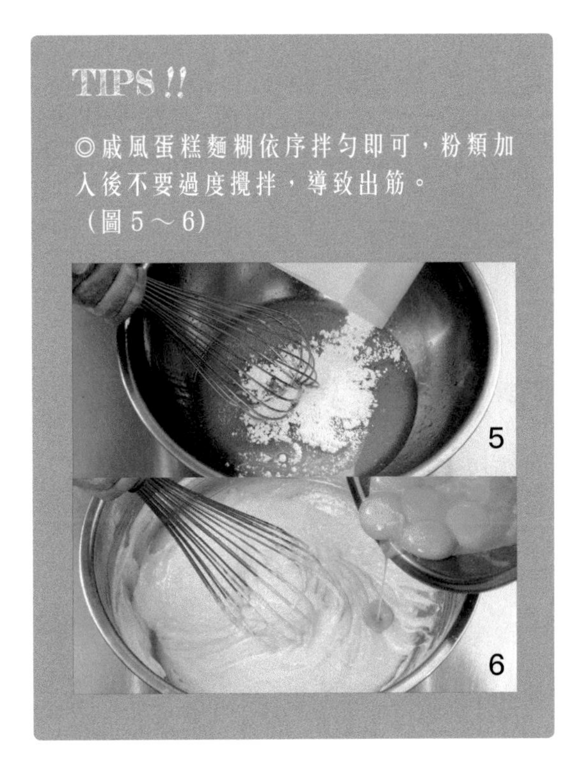

老師專區

- 請學生養成習慣，麵糊拌好，利用軟墊板順勢將鋼盆周圍刮乾淨。（圖 7）

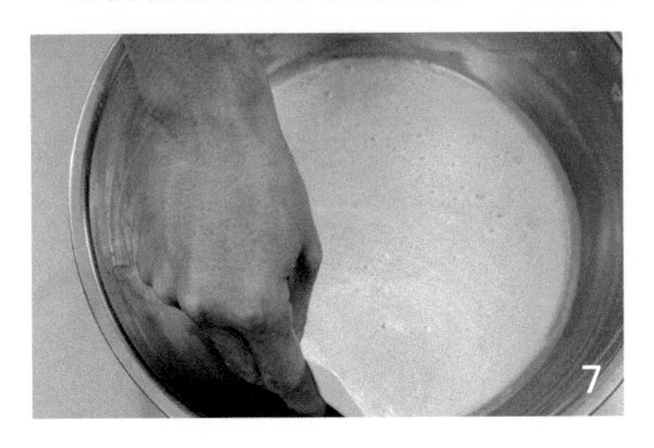

學生專區

- 筆者還是建議學生在練習時，就用手掌抓麵糊，或許一開始不習慣，但是在學生時期就學習，避免投身職場動作流暢度被檢討。（圖 8）

Cake for Mother's Day

母親節蛋糕

材料

蛋糕體	1顆
（詳 P.22～23【柳橙戚風】蛋糕體作法）	
打發鮮奶油	適量
色素	適量
時令水果	適量
黑巧克力	適量

作法

1 蛋糕體一開三，抹上內餡，上方利用剪刀修一圈。

2 蛋糕表面抹上一層打發鮮奶油，利用軟墊板修圓。（圖 1）

3 點上色素後再以軟墊板修圓，表面用抹刀裝飾，擺上水果、黑巧克力片裝飾，成品。（圖 2 ～ 3）

學生專區

• 清洗模具前，先利用軟墊板在模型表面刮除蛋糕屑，再浸泡清洗。（圖 20 ～ 21）

• 模具洗好要怎樣才是比較好的後續處理？利用抹布擦乾或是放在烤箱，以餘溫烤乾？

老師專區

• 蛋糕脫模：利用抹刀在模型內畫一圈，順勢重敲後脫模。（圖 17 ～ 19）

TIPS !!

三角紙使用

1 以三角形底邊兩端測取中點為中心。（圖 4）
2 由一端向內捲成圓錐狀。（圖 5）
3 另一邊順勢捲起。（圖 6）
4 加入材料後，一端朝中心對摺，再將另一端朝中心摺。（圖 7～8）
5 由上方往下收摺，利用剪刀剪適當大小即可使用。（圖 9～10）

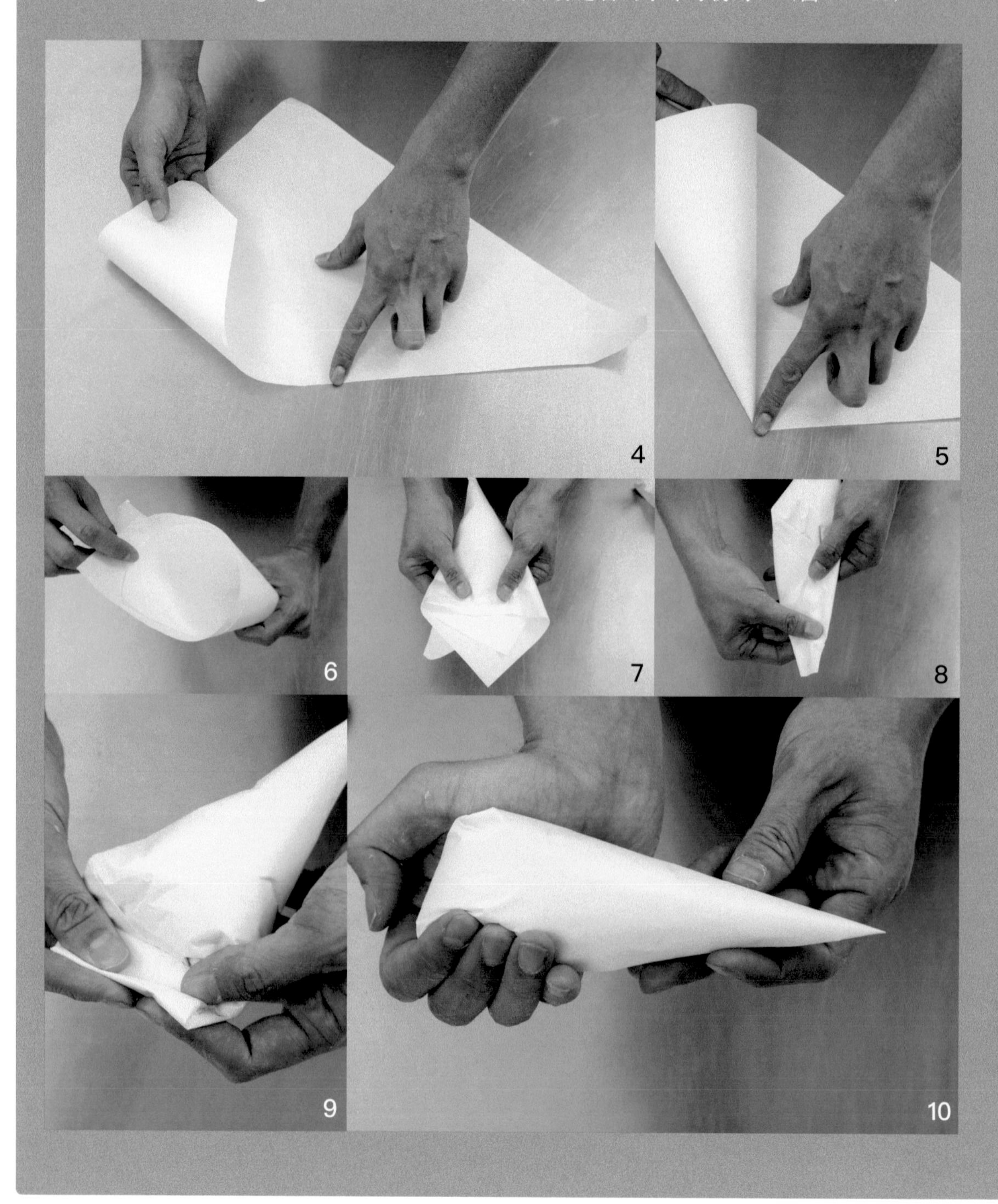

巧克力片作法

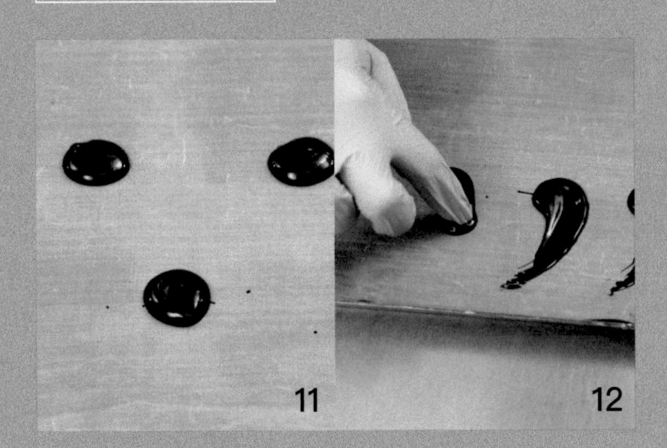

◎花樣 1：流星

1 將黑巧克力隔水加熱，融化至液態即可；盤子鋪上不沾烤盤布備用。
2 融化的黑巧克力裝入擠花袋中，利用三角紙擠一小點或用湯匙舀，於不沾烤盤布上做出圓形，戴上手套，手指從黑巧克力中心點快速劃出，讓巧克力形成美麗的長尾狀。（也可以用湯匙背面順勢拉出；圖 11 ～ 12）
3 成品放入冰箱，冷藏或冷凍，靜置凝固即可。

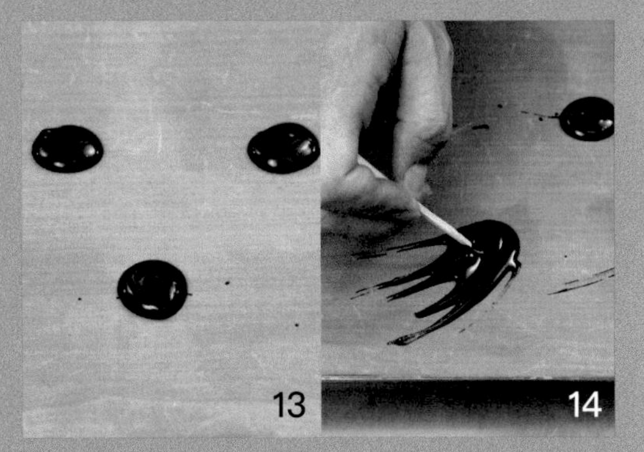

◎花樣 2：放射片

1 將黑巧克力隔水加熱，融化至液態即可；盤子鋪上不沾烤盤布備用。
2 融化的黑巧克力裝入擠花袋中，於不沾烤盤布上擠出圓形，用牙籤快速往外劃出，讓巧克力形成極細的尾狀。（圖 13 ～ 14）
3 成品放入冰箱，冷藏或冷凍，靜置凝固即可。

◎花樣 3：網

1 將黑巧克力隔水加熱，融化至液態即可；盤子鋪上不沾烤盤布備用。
2 融化的黑巧克力裝入擠花袋中，以相同的力道施力，慢慢擠出花形。（圖 15）
3 成品放入冰箱，冷藏或冷凍，靜置凝固即可。

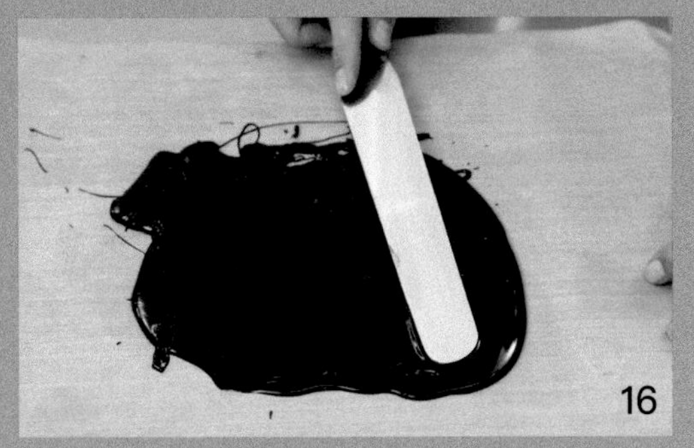

◎花樣 4：巧克力片

1 將黑巧克力隔水加熱，融化至液態即可；盤子鋪上不沾烤盤布備用。
2 融化的黑巧克力倒在不沾烤盤布上，以抹刀刮平。（圖 16）
3 成品放入冰箱，冷藏或冷凍，靜置凝固即可。

Panna Cotta

鮮奶酪

產品數據

製作數量	10杯
操作工具	奶酪杯、打蛋器、濾網、量筒

材料

材料	份量
牛奶	500公克
香草莢	5根
細砂糖	75公克
動物性鮮奶油	500公克
吉利丁片	7片

作法

1 盆子放入冷開水，把吉利丁片一片一片泡入冰水中，每一片都要確實泡到冰水，才可放入下一片；香草莢剖半刮出香草籽，放入牛奶中。

2 牛奶、香草籽與細砂糖，小火加熱至約60℃，輕輕攪拌，避免產生大量泡泡，稍微把泡軟的吉利丁片甩乾，加入吉利丁片。（圖 1）

3 倒入動物性鮮奶油拌勻（為了加速降溫，所以動物性鮮奶油不加熱）。

4 用濾網過濾去除雜質，待消泡降溫後，平均填入奶酪杯中，放入冰箱冷藏。

5 冷藏至表面凝固後可依個人喜好裝飾，成品。

老師專區

- 奶酪凝固後，表面可以淋一層淋醬，增加風味，且出餐會中色澤比較好搭配。（淋醬配方：冷凍果泥 1 公斤、水 800 公克、細砂糖 300 公克、玉米粉 50 公克）
- 餐會中供餐可將奶酪灌在玻璃高腳杯供餐，增加質感。

TIPS !!

◎可用乾淨餐巾紙、保鮮膜蓋在表面，或用噴燈掃過、表面噴酒類，幫助奶酪表面消泡。

◎降溫後再放冷藏，如未完全降溫放冷藏，表面會皺皺的。

學生專區

- 奶酪成品須冷藏儲放，不可以放冷凍，離開冷藏要盡速食用，回家路途太久要放保冷袋，避免水化。
- 奶酪這一個配方，可加入 10 公克的白蘭地提味，風味更佳。

Fruit Tart

水果塔

產品數據

製作數量	60 個（小塔模）
預熱溫度	上火 200℃ / 下火 140℃
烤焙時間	14～16 分鐘
操作工具	切麵刀、打蛋器、擠花袋、齒狀花嘴

塔皮

無鹽奶油	270 公克
糖粉	100 公克
奶粉	45 公克
雞蛋	3 顆
中筋麵粉	550 公克

內餡

牛奶	500 公克
卡士達粉	190 公克
蘭姆酒	2 小匙
長春鮮奶油	500 公克

裝飾

時令水果	適量
鏡面果膠	適量

作法

1 配方中的粉類分別過篩備用。

2 塔皮採糖油拌合法操作，無鹽奶油、奶粉與糖粉攪拌至微白，呈現絨毛狀。

3 蛋液分數次慢慢加入拌勻，中途需利用橡皮刮刀刮鋼底。

4 中筋麵粉加入拌勻，底部需要手拿橡皮刮刀，將麵糊拌勻，因為機器有死角。

5 將麵糰搓成長條狀再分割小塊，利用大拇指在塔模內捏塑，利用切麵刀削除多的麵糰。（圖 1 ～ 3）

6 參考【產品數據】放入預熱好的烤箱，入爐烘烤，烤約 10 分鐘會著色，調頭，使著色均勻，上火太深即關上火，下火太深可墊烤盤。

7 出爐等塔皮冷卻後再裝飾，成品。

老師專區

- 內餡作法：長春鮮奶油與蘭姆酒打發備用；牛奶與卡士達粉拌勻，隨即與打發鮮奶油拌勻。（圖 6 ～ 7）
- 出大量餐點時，可以直接叫冷凍塔皮，烤焙完，直接裝飾。
- 時間如來不及，建議內餡由老師統一操作，再平均分給各組。

TIPS !!

◎擠內餡前，會刷一層融化巧克力在塔皮內面，延緩塔皮受潮軟掉。（圖 4～5）

◎擺完水果，先入冰箱冷藏冰涼，再刷一層果膠，有效延緩水果乾掉，並增加光澤。

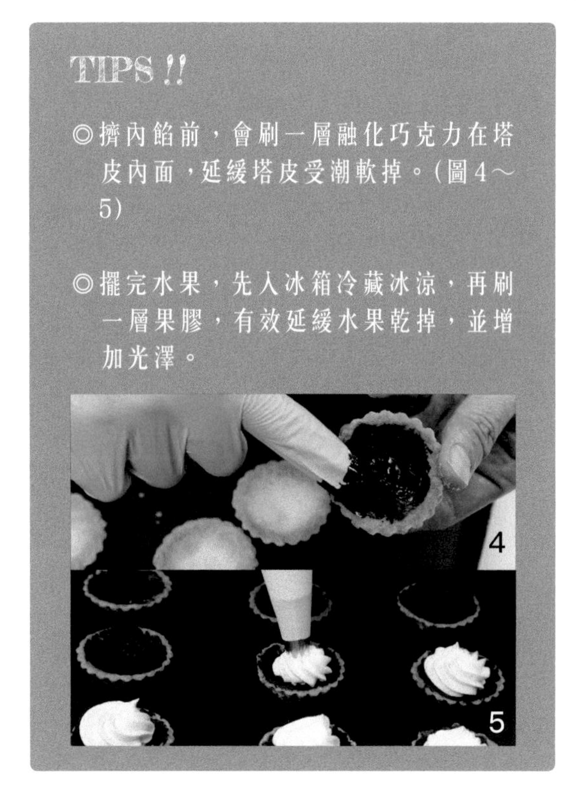

學生專區

- 建議塔皮擠完內餡放冷凍，到下課回家時，再擺入水果裝飾，避免在回家的路上水果塔因碰撞外觀不佳。
- 跟老師討論一下，內餡的配方如果使用烘焙丙級考題 —— 泡芙內餡，與打發鮮奶油該如何搭配？另，可否直接使用烘焙丙級考題「泡芙內餡」填擠？
- 思考一下，鏡面果膠、杏桃果膠使用方式是否不同？

Tiramisu

提拉米蘇

產品數據

製作數量	20 杯
操作工具	擠花袋、平口花嘴、抹刀、小篩網 橡皮刮刀

餅乾碎

奇福餅乾	160 公克
糖粉	120 公克
奶油	30 公克

咖啡甜酒液

熱水	130 公克
即溶咖啡粉	7 公克
奶酒（Baileys）	30 公克

慕斯體

糖	150 公克	馬斯卡彭	500 公克
水	50 公克	動物性鮮奶油	400 公克
蛋黃	100 公克	咖啡甜酒液	35 公克
吉利丁片	15 公克		

裝飾

防潮糖粉	適量
可可粉	適量
時令水果	適量

作法

1 餅乾碎：奇福餅乾壓碎，加入糖粉拌勻，加入已融化奶油拌合，於模型底部壓緊備用。

2 咖啡甜酒液：熱水泡開即溶咖啡粉，稍冷卻拌入奶酒（Baileys）備用。

3 慕斯體作法：盆子放入冷開水，把吉利丁片一片一片泡入冰水中，每一片都要確實泡到冰水，才可放入下一片，稍微把泡軟的吉利丁片甩乾，隔水加熱至融化；蛋黃打發，糖與水混勻，加熱到約 114℃，倒入攪拌中的蛋黃。

4 趁熱拌入隔水加熱融化的吉利丁液，全部拌勻。

5 加入馬斯卡彭拌勻，拌入已打發的動物性鮮奶油拌勻。

6 最後拌入咖啡甜酒液拌勻。

7 填入鋪好餅乾碎的杯模之中，放入冰箱冷藏，冷藏至成形，放上裝飾。

TIPS !!

◎組合後適量裝飾，先撒上薄薄防潮糖粉，再撒可可粉，以防吸濕。或是食用前才撒上可可粉裝飾。

◎模具也可選用其他製作，如 6 ～ 8 吋慕斯方形或圓形模。

老師專區

- 蛋黃拌入加熱的糖水後，一定要趁熱迅速加入泡軟吉利丁，才會溶解及融合。
- 操作馬斯卡彭時不要過度拌打，容易分層，以橡皮刮刀拌勻即可。
- 底部也可改指形餅乾鋪底，或可直接購買現成指形餅乾產品。

學生專區

- 表面裝飾除了平整撒上可可粉外，還可有哪些創意的圖案？
- 動物性鮮奶油和植物性鮮奶油的分別是什麼？兩者在用途和使用上有哪些注意事項？

Egg Tart Pastry

油皮蛋塔

產品數據

製作數量	22個
預熱溫度	上火220℃/下火200℃
烤焙時間	18～22分鐘
分割數據	油皮：油酥：內餡 20公克：10公克：40公克
操作工具	213錫箔杯、切麵刀、擀麵棍 濾網、量筒

油皮

材料	份量
中筋麵粉	220公克
糖粉	45公克
豬油	90公克
冰水	110公克

油酥

材料	份量
豬油	160公克
低筋麵粉	80公克

塔液

材料	份量
熱水	350公克
奶粉	35公克
細砂糖	170公克
精鹽	2公克
全蛋	300公克
蛋黃	100公克

作法

1 配方中的粉類分別過篩備用。

2 油皮作法：所有材料一同用攪拌器拌成糰，手搓表面呈現光亮即可，表面蓋上塑膠袋鬆弛。

3 油酥作法：低筋麵粉與豬油用攪拌器略拌成糰，取出，用手掌壓拌均勻。

4 參考【產品數據】分割油酥、油皮。

5 整形：油皮包油酥，擀捲二次，用擀麵棍擀開，放上模型捏合，利用手指依序捏出花邊。（圖 1）

6 塔液作法：所有材料拌勻過濾，蓋上保鮮膜消泡備用。（圖 2～4）

7 依序將塔液平均填模，參考【產品數據】放入預熱好的烤箱，入爐烘烤，烤約 12 分鐘後，調頭，關火續燜烤至完全凝固，出爐，成品。（圖 5）

TIPS !!

◎捏花邊時，可以利用剪刀先剪一刀，依序捏起，最後比較好收口。（圖 6～9）

◎烤焙過程蛋液如果膨脹鼓起，表示塔液中氣體過多；可能是溫度過高、烤焙時間太久，讓氣體受熱膨脹，導致蛋液鼓起。

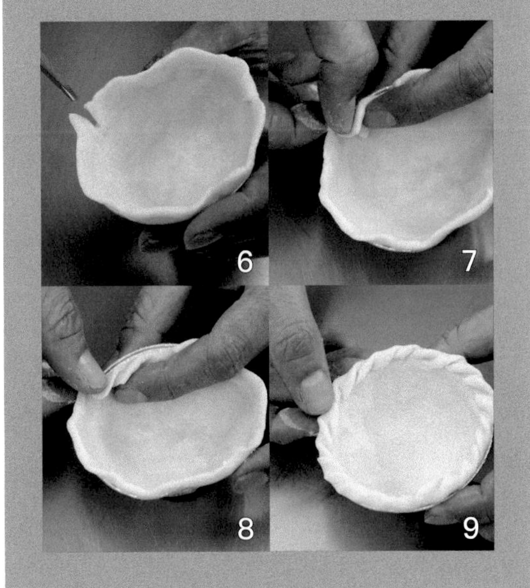

老師專區

- 熱水要煮沸後再與奶粉、細砂糖跟鹽攪拌，略冷卻後再跟蛋液攪拌；與奶粉攪拌溫度不夠，成品表面會霧霧的。
- 烤得太久或是爐溫太高，成品烤焙時，膨脹的越高，出爐後越內凹。

學生專區

- 花邊捏法，順時針或逆時針，間隔距離密一點或是寬鬆一點，可依個人操作習慣微調，但同一批規格必須要求自己要一致。
- 出爐前將蛋塔左右搖晃測試，觀察蛋液是否凝固，判斷出爐依據。

Taro Cake

芋頭糕

產品數據

火侯	中大火
熟製時間	25～35 分鐘
操作工具	刨絲器、打蛋器、蒸籠鍋 炒鍋

材料 A

芋頭	700 公克	精鹽	1.5 大匙
清水	1000 公克	味精	1 大匙
在來米粉	500 公克	香油	2 大匙
細砂糖	2 小匙	白胡椒粉	1 大匙

作法

1 芋頭洗淨去皮，利用刨絲器刨絲備用；在來米粉、清水及調味料一同攪拌均勻，靜置鬆弛。

2 起油鍋將芋頭絲炒香。

3 將已經炒香的芋頭絲加入粉漿內，小火拌煮至稍稍糊化，成稀糊狀即可。

4 模型內先抹層油，倒入糊化後的粉漿，移至蒸籠內，參考【產品數據】熟製產品，成品。（圖 1 ～ 2）

TIPS !!

◎粉漿糊化時，小火加熱並不斷攪拌，避免底部黏鍋燒焦。

老師專區

- 一定要要求學生，開蒸籠蓋，先關火再打開鍋蓋，讓蒸氣散開後再取芋頭糕，避免燙傷。

學生專區

- 芋頭去皮，中餐一般會往外削皮，西餐會往內削皮，學生可以帶棉紗手套做好保護，試試看。

Sweet Taro Sago Soup
芋香西米露

產品數據	
火候	中大火
熟製時間	12～15分鐘
操作工具	湯鍋、攪拌器、過篩網

材料A	
西谷米	100公克
清水	1200公克

材料D	
牛奶	600公克
細砂糖	100公克
椰漿	200公克
芋頭	600公克

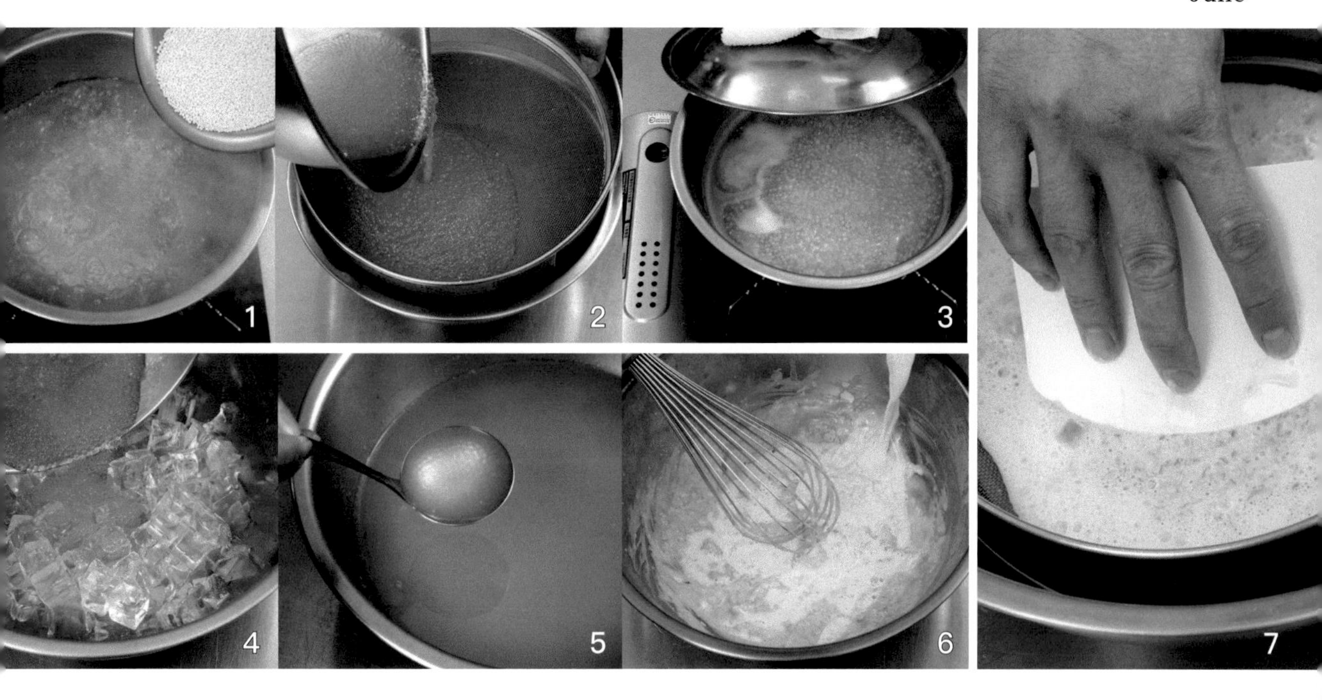

作法

1 清水煮滾倒入西谷米，略為攪拌後，等待再次大滾，當西谷米浮起，中心有一小白點時，加蓋關火燜透。（圖 1 ～ 3）

2 芋頭削皮切條大火蒸熟，壓泥備用；將西谷米瀝乾泡冰水備用。（圖 4 ～ 5）

3 牛奶與細砂糖微微加熱至糖溶解，加入蒸熟芋泥拌勻後過濾，加入椰漿拌勻。（圖 6 ～ 7）

4 將泡冰水西谷米瀝乾，加入入芋頭牛奶即可，成品。

老師專區

- 教室有果汁機，蒸好的芋頭趁熱加入細砂糖與牛奶打成泥狀，方便省事。
- 糖量是建議，如果供餐時會加冰塊，糖量要多一點；如果是冷的，糖度調整就不要用砂糖，改用果糖。

TIPS !!

◎煮西谷米的水要多（1：10 以上），煮沸後西谷米才不會黏在一起。

◎測試芋頭中心是否熟透，可用探針，如果能插入代表熟透。（圖 8）

學生專區

- 家中一定有電鍋，可用電鍋將芋頭蒸熟，方便省事。
- 芋頭剩下來的，可以切小塊，油炸後冷凍，煮火鍋時可以加料。

Fried Dough Twist

脆麻花

產品數據

製作數量	30 個
火候	中大火（170　180℃）
熟製時間	12 ～ 15 分鐘
分割數據	20 公克
操作工具	油炸鍋、過篩網

材料 A

碳酸氫銨	1 小匙
清水	200 公克
低筋麵粉	300 公克
中筋麵粉	100 公克
細砂糖	2 小匙
沙拉油	1 小匙
雞蛋	20 公克
精鹽	1 小匙

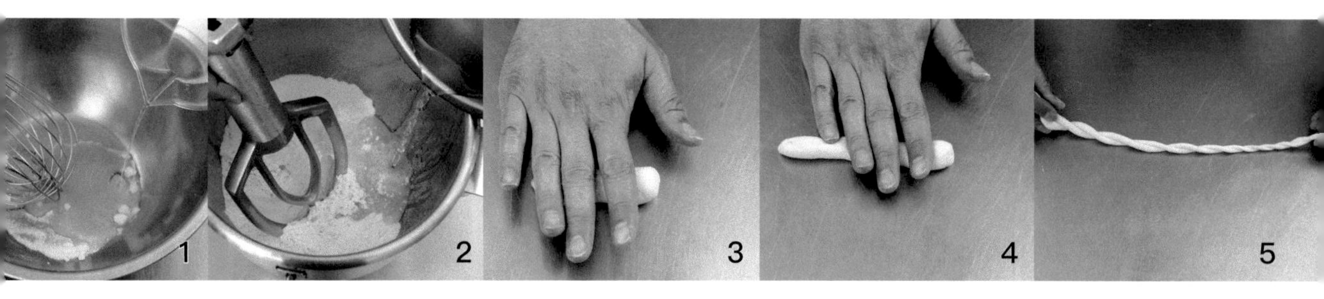

作法

1 碳酸氫銨粉、清水攪拌均勻備用。（圖 1）

2 所有材料一同慢速攪拌成糰，靜置備用。（圖 2）

3 分割後搓成長條，依單股或是雙股麻花決定長度。（圖 3～4）

4 整形捲起，靜置鬆弛，表面以塑膠袋覆蓋，注意不要結皮。（圖 5）

5 起油鍋，參考【產品數據】炸至產品浮起，外觀呈現金黃色即可撈起，瀝乾冷卻，在冷卻過程中，產品的顏色仍會持續加深，成品。

TIPS !!

◎麵糰攪拌至表面光滑，約擴展階段即可，以利後續整形操作。

◎麵糰要分次鬆弛，分次搓長，避免大小不一或是斷裂。

學生專區

- 麵糰外觀避免風乾結皮，可披蓋塑膠袋、保鮮膜……等。
- 如果油溫太高，可加入新油，有降溫效果，縮短等待時間。

老師專區

- 請學生分批油炸，並常翻面，讓外表平均受熱上色。
- 麻花雙股搓長至 50 公分，單股 25 公分。（圖 6～7）

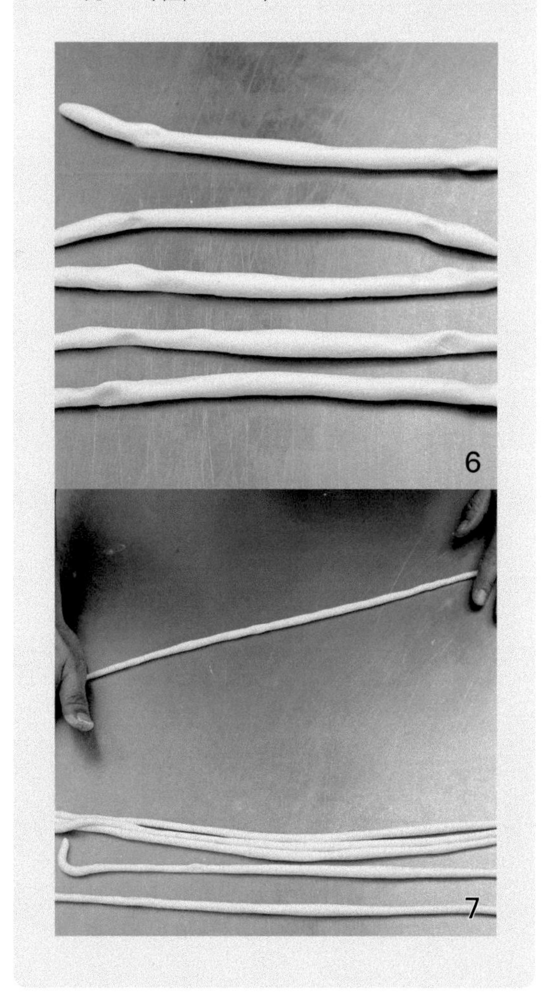

Fried Thin Pastes with Sesames

巧果

產品數據

火候	中大火（170　180℃）
熟製時間	8～12 分鐘
操作工具	擀麵棍、油炸鍋、過篩網

材料

傳統板豆腐	160 公克
中筋麵粉	400 公克
細砂糖	120 公克
雞蛋	80 公克
生黑芝麻	32 公克
精鹽	1 小匙

蘋果餡作法

1. 板豆腐與雞蛋先拌碎，所有材料一同慢速攪拌成糰，靜置備用。（圖 1 ～ 2）

2. 桌子可撒上適量手粉，利用擀麵棍擀成薄片狀。（圖 3）

3. 靜置鬆弛，蓋上白布或塑膠袋，注意不要結皮，分割成適當大小，撒點手粉防沾黏。（圖 4 ～ 5）

4. 起油鍋，參考【產品數據】炸至產品浮起，外觀呈現金黃色即可撈起，瀝乾冷卻，在冷卻過程中，產品的顏色仍會持續加深，成品。（圖 6）

TIPS !!

◎麵糰擀薄時要注意厚度，越薄口感越佳。

◎要炸前利用麵粉篩，去除多餘的麵粉，油炸油才會保持清澈乾淨不混濁。

學生專區

- 因為量多，要分批油炸，並常翻動，使巧果受熱上色均勻。

老師專區

- 學校有麵糰延壓機或是丹麥機，就使用機器延壓麵糰，成品外觀較佳。

- 也可示範不同造型；切割長方形，中間劃一刀，順勢捲起。（圖 7 ～ 9）

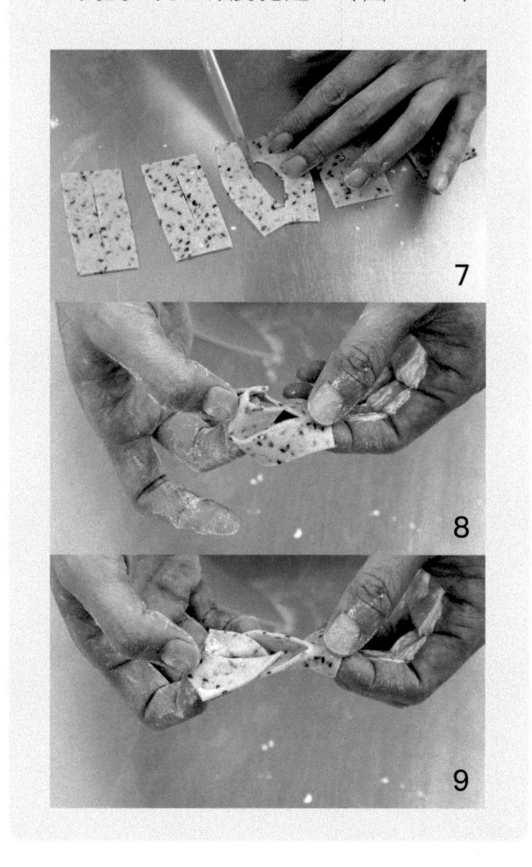

Spring Onion Pancake 蔥油餅

產品數據	
製作數量	10 個
火候	中小火
熟製時間	12～15 分鐘
分割數據	麵糰：餡 /2：1
操作工具	切麵刀、擀麵棍、煎鍋

燙麵麵糰	
中筋麵粉	600 公克
沸水	280 公克
冷水	200 公克
即溶酵母	1 大匙
沙拉油	2 大匙
細砂糖	2 大匙

內餡	
沙拉油	50 公克
豬油	80 公克
精鹽	1 大匙
味精	1 小匙
白胡椒粉	2 小匙
蔥花	453 公克

作法

1 中筋麵粉與沸水攪拌成雲片狀；冷水與即溶酵母拌勻；所有材料一同拌成糰，鬆弛。（圖 1 ～ 2）

2 燙麵麵糰等量分割 10 個；把內餡所有材料拌勻備用。

3 桌上抹沙拉油，將麵糰擀開，鋪上餡料，由上往下捲起呈長條狀。（圖 3 ～ 7）

4 長條狀麵糰，抓住中心點，繞圓圈後收口。（圖 8 ～ 9）

5 起油鍋，以中小火煎熟，單面呈現金黃色後再翻面，煎至兩面呈現金黃色即可，成品。（圖 10 ～ 11）

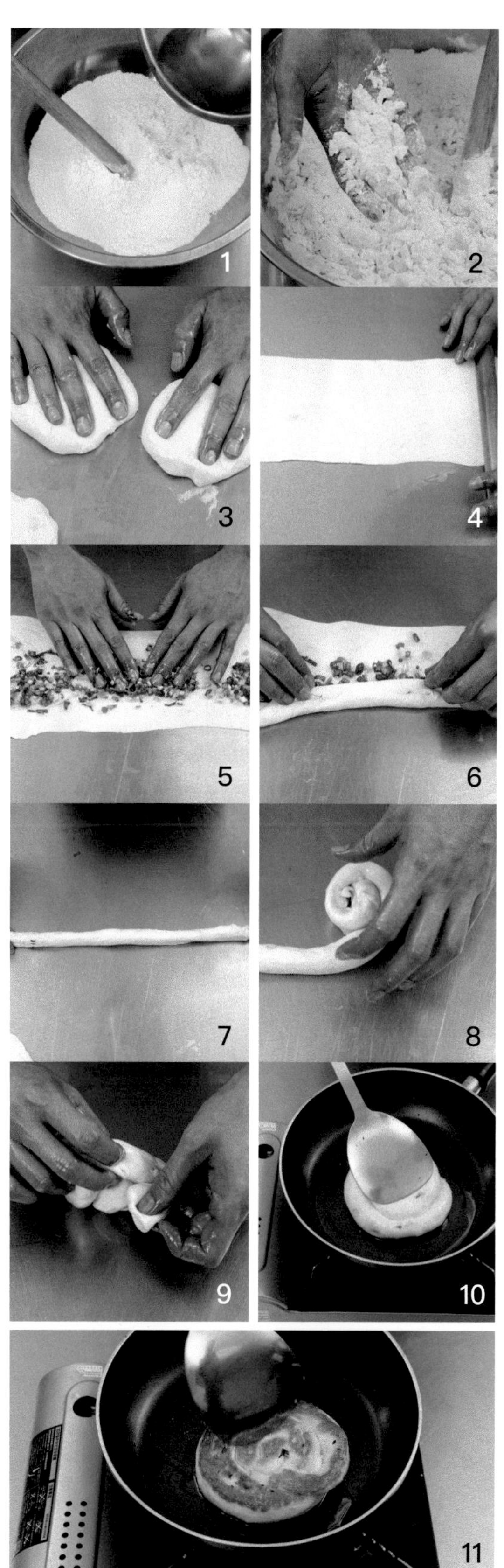

老師專區

- 麵糰鬆弛（發酵）時間避免過久，導致過度發酵軟黏，不好整形。
- 可利用油煎熟製，或是用烤箱烤熟（烤焙溫度：上火 200℃ / 下火 200℃，烤焙時間：12 ～ 15 分鐘）。

TIPS !!

◎麵糰鬆弛（發酵）時間避免過久，導致過度發酵軟黏，不好整形。

◎可利用油煎熟製，或是用烤箱烤熟（烤焙溫度：上火 200℃ / 下火 200℃，烤焙時間：12 ～ 15 分鐘）。

學生專區

- 操作完的桌面會充滿油脂，不要立刻用抹布擦，先用切麵刀刮除多餘的油脂，再用沙拉脫水以菜瓜布刷洗，接著用切麵刀刮除肥皂水，最後才用抹布擦拭。

Deep-Fried Sesame Ball
開口笑

產品數據	
火候	中火（約 160　180℃）
熟製時間	8～12 分鐘
操作工具	油炸鍋、過篩網

材料	
雪白油	35 公克
細砂糖	200 公克
鹽	1 小匙
全蛋	3 顆
低筋麵粉	400 公克
泡打粉	2 小匙

裝飾	
白芝麻	適量

作法

1 所有材料一同以慢速攪拌成糰，靜置備用。

2 分割後搓成長條，等量切小段後搓圓形。

3 表面沾水，滾上白芝麻。（圖 1）

4 起油鍋，參考【產品數據】炸至產品浮起，外觀呈金黃色，撈起瀝乾，成品。

TIPS !!

◎麵糰在整形前要充分的鬆弛，表面加蓋，避免風乾結皮。

油溫不可過高，以免炸不透，產生外表焦黑內裏夾生的現象。

老師專區

- 麵糰要大小、形狀一致，油炸後才會整齊。
- 可分批油炸，並常翻面，使表面平均受熱，上色均勻。

學生專區

- 油炸過程中要慢慢攪動至浮起來，再炸至裂口後，表面呈金黃色後撈出。
- 炸至外表呈金黃色即可撈起瀝油，冷卻的過程中，外觀顏色仍會持續加深。

1

Rice Tube Pudding

筒仔米糕

產品數據

炒火侯	小火、中大火
蒸火侯	大火
熟製時間	20～25分鐘
操作工具	8個（錫箔杯）、蒸籠鍋、片刀、炒鍋

材料A

圓糯米	450公克

材料B

紅蔥頭	30公克	鹽	2小匙
乾香菇	25公克	味精	1小匙
豬絞肉	200公克	香油	1大匙
蝦米	10公克	胡椒粉	2小匙
沙拉油	50公克	水	250公克
醬油	25公克		

作法

1 圓糯米洗淨，泡溫水約 60 分鐘，取出瀝乾，倒上蒸籠布開大火，蒸熟取出拌鬆。

2 紅蔥頭剝皮切碎；乾香菇泡開切片；蝦米略泡切碎。

3 起油鍋小火爆香紅蔥頭，陸續加入蝦米、香菇、豬絞肉拌炒，並加入調味料、水炒勻調味。

4 錫箔杯內抹刷上一層油，舀入 1/3 餡料於底部。

5 把蒸熟的糯米倒入步驟 3 鍋中，一起拌炒均勻。

6 錫箔杯內放入已處理的米粒，表面略壓。

7 移至蒸籠內，參考【產品數據】熟製產品。

8 取出，盛盤，成品。（圖 1）

TIPS !!

◎裝填米糕飯時，要稍予施以力道壓緊，避免扣出成品時，呈現鬆散，影響外觀的情形。

老師專區

- 蒸糯米過程中，須稍翻拌米粒，讓周圍與中心的糯米能均勻吸收水蒸氣、並熟透。

學生專區

- 蒸糯米時，須蒸熟但不宜過爛，否則拌炒米糕時會濕黏成糰，思考一下，可以使用電鍋嗎？

肉粽

產品數據

製作數量	10 個（1 串）
火侯	大火
熟製時間	20 ～ 25 分鐘
操作工具	蒸籠鍋、片刀、炒鍋

材料 A

長糯米	600 公克	香油	1 小匙
沙拉油	60 公克	鹽	1 大匙
紅蔥頭	30 公克	味精	1 小匙
清水	270 公克	胡椒粉	2 小匙
醬油	3 大匙	五香粉	2 小匙

材料 B

滷豬肉塊	10 個
滷香菇	10 個

其他

粽葉	20 片
粽繩	1 串

作法

1. 長糯米洗淨，泡溫水約 60 分鐘，取出瀝乾，倒上蒸籠布開大火，蒸熟取出拌鬆。
2. 紅蔥頭剝皮切碎；起油鍋小火爆香紅蔥頭，陸續加入事先處理過的材料 A 拌炒、並調味。
3. 蒸熟的長糯米倒入鍋中，一起拌炒均勻。
4. 取 2 片粽葉重疊折成漏斗狀，先舀一匙米料，再放入滷豬肉塊、滷香菇，表層再填放米料，最後再將粽葉蓋合，用粽繩綁好。（圖 1）
5. 移至蒸籠內，參考【產品數據】熟製產品，盛盤，成品。

TIPS !!

◎肉粽蒸熟時，一定要蒸至熟透，不要有米粒半生不熟的情形。

老師專區

- 粽葉先放入沸水中燙煮 3 ～ 5 分鐘，一方面軟化組織，一方面去除髒東西並殺菌。
- 與學生討論台灣南北粽的差異，蒸肉粽跟煮肉粽的差異。

學生專區

- 粽葉綠色跟黃褐色，差別在哪裡？
- 市面上也販賣野薑花粽，用野薑花葉包粽子，跟上課製作的差別？

索 引

頁數	類型分類	內容名稱	英文
14–15	中點	蛋黃酥	Egg Yolk Pastry
16–17	中點	鳳梨酥	Pineapple Cake
62–63	中點	桃酥	Walnut Cookie
64–65	中點	豬油糕	Pork Oil Rice Cake
70–71	中點	韭菜水餃	Chinese Leek Dumpling
72–73	中點	燒賣	Shao–Mai
74–75	中點	雙色饅頭	Twin Color Steamed Bun
76–77	中點	蟹殼黃	Spring Onion –Stuffed Sesame Pastry
78–79	中點	蘿蔔糕	Fried White Radish Patty
80–81	中點	綜合鹹粥	Mixed Salty Congee
82–83	中點	黑糖糕	Brown Sugar Cake
84–85	中點	八寶粥	Eight Treasure Congee
106–107	中點	甜甜圈	Donut
118–119	中點	黑糖發糕	Brown Sugar Rice Cake
120–121	中點	芋粿巧	Steamed Taro Cake
122–123	中點	油飯	Glutinous Oil Rice
124–125	中點	碗粿	Steamed Rice Cake
126–127	中點	方塊酥	Square Cookie
128–129	中點	台式月餅	Moon Cake
130–131	中點	牛舌餅	The Traditional Cracker with the Shape of Beef Tongue
132–133	中點	金露酥	Bean Purée Pastry
134–135	中點	咖哩餃	Curry Dumpling
150–151	中點	芋頭糕	Taro Cake
152–153	中點	芋香西米露	Sweet Taro Sago Soup
154–155	中點	脆麻花	Fried Dough Twist
156–157	中點	巧果	Fried Thin Pastes with Sesames
158–159	中點	蔥油餅	Spring Onion Pancake
160–161	中點	開口笑	Deep–Fried Sesame Ball
162–163	中點	筒仔米糕	Rice Tube Pudding
164–165	中點	肉粽	Rice Dumpling
6	西點	招牌三明治	Sandwich
7	西點	鮪魚三明治	Tuna Sandwich
8–9	西點	托斯卡尼吐司條	Toscana Toast Stick
10–11	西點	奶油小西餅	Danish Butter Cookie
12–13	西點	貓舌餅乾	Langues de Chat Biscuits
26–27	西點	蘋果派	Apple Pie
28–29	西點	德式布丁	German Pudding Tart
30–33	西點	菠蘿泡芙	Pineapple Puff
34–35	西點	瑪德蓮	Madeleine
36–37	西點	焦糖布丁	Caramel Pudding

頁數	類型分類	內容名稱	英文
38–39	西點	咖啡戚風小蛋糕	Coffee Chiffon Cake
42–43	西點	指型小西餅	Lady Fingers Cookie
54–55	西點	全麥餅乾	Whole–Wheat Cookie
56–57	西點	杏仁瓦片	Almond Tuiles
58–59	西點	烤布蕾	Crème Brulee
60–61	西點	香橙慕斯	Orange Mousse
66–67	西點	薑餅屋	Gingerbread House
68–69	西點	聖誕神木蛋糕卷	Bûche de Noël
86–87	西點	總匯三明治	Club Sandwich
88–89	西點	香蒜吐司條	Garlic Toast Stick
90–91	西點	雙色冰箱小西餅	Twin Color Cookie
92–93	西點	糖霜餅乾	Sugar Frosted Cookie
98–99	西點	費南雪	Finanicer
142–143	西點	鮮奶酪	Panna Cotta
144–145	西點	水果塔	Fruit Tart
146–147	西點	提拉米蘇	Tiramisu
148–149	西點	油皮蛋塔	Egg Tart Pastry
18–19	蛋糕	巧克力海綿	Chocolate Sponge Cake
20–21	蛋糕	豆漿天使	Soybean Milk Angel Cake
22–23	蛋糕	柳橙戚風	Orange Chiffon Cake
24–25	蛋糕	巧克力戚風	Chocolate Chiffon Cake
44–45	蛋糕	蜂蜜蛋糕	Honey Cake
46–47	蛋糕	桂圓蛋糕	Longan Cup Cake
48–49	蛋糕	輕乳酪	Light Cheese Cake
50–51	蛋糕	奶油大理石蛋糕	Marble Pound Cake
52–53	蛋糕	核桃香蕉磅蛋糕	Banana and Walnut Pound Cake
94–97	蛋糕	黑森林蛋糕	Black Forest Cake
		巧克力片	Chocolate Slice
100–101	蛋糕	乳酪蛋糕	Cheese Cake
136–137	蛋糕	原味壽糕	Rice Cake
138–141	蛋糕	母親節蛋糕	Cake for Mother's Day
40–41	麵包	韓國麵包	Korea Mochi Bread
102–103	麵包	紅豆甜麵包	Red Bean Bun
104–105	麵包	蔥花甜麵包	Spring Onion Bun
108–109	麵包	沙拉麵包	Salad Bun
110–111	麵包	奶酥吐司	Streussel Bread
112–113	麵包	蛋糕吐司	Cake and Bread
114–115	麵包	酥菠蘿奶酥	Sable Bun with Milky Filling
116–117	麵包	綜合鹹麵包	Mixed Salty Bread

Baking 14

烘焙點心DIY

國家圖書館出版品預行編目 (CIP) 資料

烘焙點心 DIY/ 吳青華，葉昱昕，陳楷曄，沈貞伶著 . -- 一版 . -- 新北市：優品文化事業有限公司，2022.11 168 面 ; 19x26 公分 . -- (baking ;14)

ISBN 978-986-5481-35-3(平裝)

1.CST: 點心食譜

427.16　　　111016137

作　者	吳青華、葉昱昕、陳楷曄、沈貞伶
總 編 輯	薛永年
企　劃	吳青華
美術總監	馬慧琪
文字編輯	蔡欣容
美術編輯	姚元昌
攝　影	蕭德洪
出 版 者	優品文化事業有限公司 電話：(02)8521-2523 傳真：(02)8521-6206 Email：8521service@gmail.com （如有任何疑問請聯絡此信箱洽詢） 網站：www.8521book.com.tw
印　刷	鴻嘉彩藝印刷股份有限公司
業務副總	林啟瑞 0988-558-575
總 經 銷	大和書報圖書股份有限公司 新北市新莊區五工五路 2 號 電話：(02)8990-2588 傳真：(02)2299-7900
網路書店	www.books.com.tw 博客來網路書店
出版日期	2022 年 11 月
定　價	300 元

上優好書網

LINE
官方帳號

Facebook
粉絲專頁

YouTube
頻道

（黏貼處）

烘焙點心DIY

讀者回函

♥ 為了以更好的面貌再次與您相遇，期盼您說出真實的想法，給我們寶貴意見 ♥

姓名：	性別：□ 男　□ 女	年齡：　　　歲
聯絡電話：（日）　　　　（夜）		
Email：		
通訊地址：□□□-□□		
學歷：□ 國中以下　□ 高中　□ 專科　□ 大學　□ 研究所　□ 研究所以上		
職稱：□ 學生　□ 家庭主婦　□ 職員　□ 中高階主管　□ 經營者　□ 其他：		

● 購買本書的原因是？

□ 興趣使然　□ 工作需求　□ 排版設計很棒　□ 主題吸引　□ 喜歡作者　□ 喜歡出版社

□ 活動折扣　□ 親友推薦　□ 送禮　□ 其他：________________

● 就食譜叢書來說，您喜歡什麼樣的主題呢？

□ 中餐烹調　□ 西餐烹調　□ 日韓料理　□ 異國料理　□ 中式點心　□ 西式點心　□ 麵包

□ 健康飲食　□ 甜點裝飾技巧　□ 冰品　□ 咖啡　□ 茶　□ 創業資訊　□ 其他：________

● 就食譜叢書來說，您比較在意什麼？

□ 健康趨勢　□ 好不好吃　□ 作法簡單　□ 取材方便　□ 原理解析　□ 其他：________

● 會吸引你購買食譜書的原因有？

□ 作者　□ 出版社　□ 實用性高　□ 口碑推薦　□ 排版設計精美　□ 其他：________

● 跟我們說說話吧～想說什麼都可以哦！

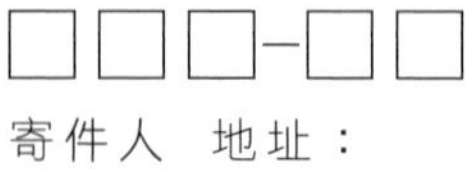

寄件人 地址：

姓名：

廣 告 回 信
免 貼 郵 票
三重郵局登記證
三重廣字第0751號

平 信

24253 新北市新莊區化成路 293 巷 32 號

上優文化事業有限公司 收
(優品)

烘焙點心DIY **讀者回函**

(請沿此虛線對折寄回)

優品文化事業有限公司
電話：(02)8521-2523
傳真：(02)8521-6206
信箱：8521service @ gmail.com

上優好書網

LINE
官方帳號

Facebook
粉絲專頁

YouTube
頻道